Wer ist der

Wirklich Blinde?

Eine Frage im Interesse von

Wissenschaft und Technik

Offener Brief
an die Herren A. Riedler und St. Löffler
von

L. Gümbel

Mit einem Beitrag
Die unmittelbare Reibung
fester Körper

Mit 20 Textfiguren

Springer-Verlag Berlin Heidelberg GmbH 1920

ISBN 978-3-662-31757-0   ISBN 978-3-662-32583-4 (eBook)
DOI 10.1007/978-3-662-32583-4
Softcover reprint of the hardcover 1st edition 1920

An die Herren

Geheimen Regierungsrat Professor
Dr. Dr.-Ing. ehrenh. A. Riedler
und ord. Honorarprofessor Dr. St. Löffler
Technische Hochschule zu Berlin.

Meine Herren!

In dem folgenden möchte ich Ihnen kurz auf die Vorwürfe
antworten welche Sie in Ihren Schriften ‚Wirklichkeitsblinde
in Wissenschaft und Technik‘ und ‚Theorie und Wirklichkeit
bei Triebwerken und Bremsen‘ glauben gegen mich erheben zu
dürfen. Ich bedauere es sehr, daß Sie durch Herausgabe dieser
Schriften innere Hochschulangelegenheiten in einer Form an
die Öffentlichkeit gezogen haben, welche unter allen Umständen
dem Ansehen unseres Standes schaden muß. Nachdem dies nun
nicht mehr rückgängig gemacht werden kann, bleibt den an-
gegriffenen Hochschullehrern kein anderer Weg, als der, vor der
Öffentlichkeit die Haltlosigkeit Ihrer Behauptungen und die Richtigkeit des eigenen Standpunktes nachzuweisen. Das werde ich im
folgenden in den Punkten zu tun suchen, welche sich auf mich
und das von mir über das Löfflersche Buch ‚Mechanische Triebwerke und Bremsen‘ auf Anfordern meines Senats erstattete
Gutachten und die ihm zugrunde liegenden wissenschaftlichen
Anschauungen beziehen. Um Ihnen jede Möglichkeit zu nehmen,
mich fruchtloser Kritik zu zeihen, füge ich eine Darlegung meiner
Ansichten über Ziele und Wege der akademischen Ingenieurausbildung bei, welche meine Stellung zur Hochschulreformfrage
kennzeichnet, sowie eine ausführliche Darstellung meiner Auffassung des Problems der unmittelbaren Reibung fester Körper,
wie sie meinem Gutachten zugrunde liegt.

Charlottenburg, November 1919.

Dr.-Ing. Gümbel.

Inhalt

Bemerkungen zu ,Wirklichkeitsblinde in Wissenschaft und Technik' von A. Riedler.

> Das erste und letzte, was vom Genie
> gefordert wird, ist Wahrheitsliebe.
>
> Goethe.

Herr Riedler hat vor einigen Wochen unter der Überschrift Wirklichkeitsblinde in Wissenschaft und Technik*) eine Schrift herausgebracht, die bestimmt und geeignet ist, in weiten Kreisen Aufsehen zu machen und Beunruhigung hervorzurufen.

Die Schrift will sich nach dem Vorwort gegen die angeblich an den Hochschulen herrschenden abstrahierenden Lehrverfahren wenden, weil eine auf solchen Verfahren aufgebaute Lehre zu wirklichkeitswidrigen Schlüssen kommen müsse. Kein wissenschaftlich ernster Lehrer wird zögern, sich Herrn Riedler anzuschließen, wo immer ihm eine Überschätzung der rein logischen Denkart, des ,exakten' Rechnens oder gar eine Loslösung der Lehre vom Leben entgegentritt. Herr Riedler unterstellt nun aber ganz allgemein allen technischen Lehrern, zum wenigsten den von ihm als ,Fachtheoretikern' bezeichneten, daß sie ,wirklichkeitsblind, ohne Erfahrung und unduldsam, in Schullehrsätzen verfangen, glauben durch naturwidrige Ideen, Grundsätze und Rechnungen die Aufgaben des Lebens und die schwierige veränderliche Wirklichkeit bewältigen zu können'.

,Die Jugend muß endlich gewarnt werden vor solch sachblinder Lehre; der Verlust, den das Umlernen der in der wirklichkeitswidrigen Lehre Erzogenen fürs Leben kostet, muß dargetan, der Widerstand der Theoretiker gegen lebendiges Leben im Hochschulbetrieb muß gebrochen werden', ruft Riedler. Soweit das Vorwort.

---

*) Wirklichkeitsblinde in Wissenschaft und Technik von A. Riedler, Berlin, Verlag von Julius Springer 1919, im weiteren »Schrift« genannt.

Und was bildet nun den eigentlichen Inhalt der Schrift? Ein Bekenntnis seines Mißerfolges als Mensch und als Organisator, ein Anklagen derer, die er für den Mißerfolg verantwortlich hält, und von denen er glaubt, daß sie vielfach in niedriger Weise und aus persönlichen Gründen sich seinen hochfliegenden und stets uneigennützigen Bestrebungen entgegengestellt haben. Nicht um die Lehre geht es, wie es die Einleitung versprach, es geht um die Personen. Um die einzelnen, um derentwillen er ‚zwanzig Jahre schweigend‘ geduldet, um die Mitglieder der Abteilung, deren ‚Kleingeist‘ ihm seit zehn Jahren Schranken gebaut, um das Ansehen der Abteilung, welche das Unglück hatte, das Vertrauen der Kollegen zu besitzen und dabei Herrn Riedlers Bahnen kreuzte. Um sie zu treffen, mußte das Zerrbild geschaffen werden, das Herr Riedler in seinem Vorwort von Lehre und Lehrern zeigt, geeignet und bestimmt, der Schule den wichtigsten Faktor der Erziehung, das Vertrauen, zu rauben.

Die von Herrn Riedler in seiner Schrift verfolgte Methode, die wir schon in seinem ‚Zerfall der Technischen Hochschule und Neubau der Hochschule‘*) kennen gelernt haben, ist einfach: Es wird eine Behauptung aufgestellt, und dann wird ein siegreiches Gefecht gegen diesen selbstgemachten, durch Übertreibung und Verzerrung gewonnenen Satz geführt, alles nach der Regel, die er selbst angibt: ‚Immer verneinen, dann behält man immer Recht bei den vielen, die nur äußerlich hinsehen.‘

Diese Methode, die Herr Löffler, der Mitarbeiter Herrn Riedlers, getreulich kopiert, mag im politischen Kampf anwendbar sein, im wissenschaftlichen war sie bisher verpönt und wird, wie ich hoffe, auf die beiden Neuerscheinungen Riedler-Löffler beschränkt bleiben.

Die äußere Veranlassung zu der Schrift war für Herrn Riedler, wohl neben dem Bedürfnis, seine Persönlichkeit so darzustellen, wie er wünscht gesehen zu werden, das Verlangen, das von der Abteilung für Maschinen-Ingenieurwesen der Technischen Hochschule zu Berlin über Herrn Löffler auf Grund der Ver-

---

*) Zerfall der Technischen Hochschule und Neubau der Hochschule: Bericht, im Auftrage des Ministers der geistlichen und Unterrichtsangelegenheiten erstattet von Dr. A. Riedler, August 1918.

öffentlichung, Mechanische Triebwerke und Bremsen*), gegenüber
Rektor, Senat und vorgesetzter Behörde ausgesprochene Urteil
zu entkräften. Dabei geht Herr Riedler auch auf meine Person
und mein auf Anforderung des Senats abgegebenes Urteil zu dem
eben genannten Buch ein. Das zwingt mich zu der Riedlerschen
Schrift und im Zusammenhang damit zu der Löfflerschen in
Buchform erschienenen Entgegnung**) auf mein Gutachten Stellung zu nehmen. Wenn ich dabei meine Person mehr erwähnen
muß, als mir selbst lieb ist, so wolle man das durch den Zwang,
Unrichtiges richtig zu stellen, entschuldigen.

Im Frühjahr dieses Jahres wurde ich vom Senat der Technischen Hochschule zu Berlin aufgefordert, über die wissenschaftliche Bedeutung des Buches, Mechanische Triebwerke und Bremsen von Dr. St. Löffler, ein Gutachten zu erstatten. Wiewohl
mir ein solcher Auftrag nicht willkommen war, glaubte ich doch
aus Gründen der Kollegialität denselben nicht ablehnen zu dürfen,
zumal ich mich in meinem Urteil völlig frei und unbefangen
fühlte, da ich weder Herrn Löffler noch sein Buch bis dahin
kannte. Ich habe mein Urteil nach bestem Wissen und Gewissen
abgegeben, wobei ich bestrebt war, jede einzelne Bemängelung
durch Nebenhalten der nach meiner Ansicht richtigen Darstellung
zu begründen. Mein Urteil, das ohne andere als allgemeine
Kenntnis des Tenors der bereits vorliegenden Gutachten der
Herren Eugen Meyer und Weber entstanden ist, kam zu einer
Verurteilung der Löfflerschen Arbeit.

Die Gründe, welche den Senat zur Einforderung von Gutachten veranlaßt hatten, lagen darin, daß der Senat zu der über
seinen Kopf hinweg auf Betreiben Riedlers erfolgten Ernennung
Löfflers zum Mitglied der Abteilung für Maschinen-Ingenieurwesen Stellung zu nehmen hatte. Die Abteilung für Maschinen-
Ingenieurwesen war der Ansicht, daß Herr Löffler nicht diejenige
wissenschaftliche Eignung besitze, welche für einen Hochschullehrer gefordert werden muß, und wünschte, daß auch der Senat
dem vorgesetzten Ministerium gegenüber diese Ansicht vertrete.

---

*) Mechanische Triebwerke und Bremsen von Dr. St. Löffler, München
und Berlin, Verlag von R. Oldenbourg 1912. Im weiteren »Buch« genannt.

**) Theorie und Wirklichkeit bei Triebwerken und Bremsen von St. Löffler,
München und Berlin, Verlag von R. Oldenbourg 1919, im weiteren »Entgegnung« genannt.

Um sich ein selbständiges Urteil zu bilden, war beschlossen worden, die Urteile zweier unbeteiligter Kollegen einzuholen.

Die Einholung solcher Gutachten und ihre Bekanntgabe im Senat bedeutet an sich bei Berufungsfragen nichts Besonderes oder Neues. Der Senat hat das Recht und die Pflicht, Vorschläge der Abteilungen durch Einholung von Urteilen oder Auskünften nachzuprüfen. Das Besondere in diesem Fall bestand nur darin, daß der Senat hier nicht einen Vorschlag zu machen, sondern einen Eingriff in seine Vorschlagsrechte, der durch die ohne Befragen der Abteilung und des Senats erfolgte Ernennung des Herrn Löffler zum Abteilungsmitglied erfolgt war, abzuwehren hatte.

Die Ernennung des Herrn Löffler zum ordentlichen Honorarprofessor und Abteilungsmitglied für Maschinen-Ingenieurwesen war auf Betreiben des Herrn Riedler erfolgt, dessen Assistent Herr Löffler war und den Herr Riedler als Mitarbeiter an seinem Reformprogramm in Aussicht genommen hatte. Dieses Reformprogramm hat Herr Riedler nach seiner Angabe auf Anforderung des vorgesetzten Ministeriums aufgestellt. Es ging von Voraussetzungen aus, die Herr Riedler in seiner Denkschrift über den Zerfall der Hochschulen niedergelegt hatte und sah die Gründung einer von der jetzigen Maschinen-Ingenieurabteilung völlig abgetrennten neuen Abteilung vor. Die Durchführung dieses Reformprogramms wurde von Herrn Riedler hinter dem Rücken der Abteilung betrieben, mit der Heimlichkeit, für die Herr Riedler die passenden verurteilenden Worte selbst in seiner Schrift gibt. Die Gründe, die ihn veranlaßt haben, unter völligem Beiseiteschieben der bestehenden Abteilung vorzugehen, sind rein persönlicher Natur und werden durch die Ausführungen der neuen Schrift grell beleuchtet.

Wer die Kampfesart betrachtet, mit der Herr Riedler in seiner Denkschrift über den Zerfall der Technischen Hochschule — die übrigens nicht, wie Herr Riedler sagt, ‚unverändert, wie sie geschrieben wurde‘, sondern nach Aussage des früheren Kultusministers Exzellenz Schmidt in einer Form, in der ihr ‚die schlimmsten Giftzähne bereits ausgebrochen‘ waren, veröffentlicht worden ist — gegen seine Kollegen und früheren Mitarbeiter vorzugehen für gut fand, wird sich nicht wundern, daß auch ich, trotzdem ich nur ein objektiver Beobachter und Gutachter war, mir den Zorn des sich in seinem Tun gestört Fühlenden zuziehen mußte: dazu kam noch, daß ich, wie Herrn Riedler bekannt war, in der Frage der Hochschulreform, insbesondere in der Frage, in welcher Form etwa notwendig erkannte Reformen am zweckmäßigsten durchgeführt werden sollten, eine von der seinigen abweichende Stellung einnahm.

So ergießt sich denn die Schale des Zorns auf mein armes Haupt. Doch gemach, Herr Riedler! Haben Sie es für gut befunden, den Weg zur breiten Öffentlichkeit zu gehen, vielleicht in der Zuversicht, die Masse urteile nach Worten und Behauptungen, ohne zu prüfen, so will ich den denkenden Köpfen in Wissenschaft und Technik meine Sache vorlegen im Gefühl ihrer Reinheit, und diese mögen dann entscheiden, wo die Wahrheit zu suchen ist, wo in Wirklichkeit Verblendung und Blindheit herrschen.

Es sind im wesentlichen drei Vorwürfe, die mir Herr Riedler in seiner Schrift macht:

> Mit einer großen Reihe meiner Kollegen blind gegen die Wirklichkeit,
>
> einseitiger Theoretiker ohne Fachwissen,
>
> in meinem Gutachten gegen das wichtigste Grundgesetz der Mechanik, das Gesetz von der Erhaltung der Energie verstoßend.

Von diesen Anschuldigungen mag die erste von Herrn Riedler subjektiv als wahr empfunden werden, die letzte im Vertrauen auf die Richtigkeit der Löfflerschen Entgegnung geschrieben sein, die zweite ist unter allen Umständen eine bewußte Unwahrheit, ausgesprochen, um mich und meine Urteilsfähigkeit in den Augen der Mitwelt herabzuwürdigen. Hierfür will ich den Beweis bringen.

Zunächst sachlich: Ich habe auf der Hochschule Charlottenburg im Jahre 1898 mein Abschlußexamen bestanden, war $^1/_2$ Jahr als Konstrukteur auf einer englischen Werft, zwei Jahre in gleicher Eigenschaft bei der Firma F. Schichau-Elbing tätig. Darnach wurde ich von dem technischen Leiter der Hamburg-Amerika-Linie in Hamburg als Assistent angefordert und nach zwei Jahren zum Oberingenieur für Neubau und Betrieb und Vertreter des technischen Leiters ernannt. Zur Beurteilung meiner Tätigkeit führe ich die Tatsache an, daß der damalige Generaldirektor der Hamburg-Amerika-Linie Herr Ballin mir später die Nachfolgeschaft meines Chefs angetragen hat. Im Jahre 1906 berief mich der Norddeutsche Lloyd, Bremen, in die Stellung eines Oberingenieurs und stellvertretenden Direktors der von ihm gegründeten Maschinenfabrik und Schiffswerft — Norddeutsche Maschinen- und Armaturenfabrik — in Bremen, deren Organisation und technische Leitung mir zufiel. Als eine auch die Allgemeinheit interessierende, von mir hier durchgeführte Arbeit erwähne ich die mit einer Kohlenersparnis von über 10 % verbundene Einführung des Abdampfvorwärmers bei den preußischen Staatsbahnen. Im Jahre 1910 folgte ich dem Rufe an die Technische Hochschule zu Berlin, woselbst ich in der Abteilung für Schiffbau über Kessel, Wärmeaustauschapparate, Pumpen und Hebemaschinen lehre. Vom August 1914 an im Feld, wurde ich im Frühjahr 1917 von der Unterseebootsinspektion in Kiel angefordert, um an der Entwicklung des Unterseebootsmotors mitzuarbeiten.

Das alles weiß Herr Riedler, oder was er an Einzelheiten nicht wußte, konnte er leicht erfahren, und es gab auch eine Zeit, da er mich entsprechend einschätzte. Das war die Zeit, da er glaubte, mich gebrauchen zu können.

Ende November 1918 aus Kiel zur Hochschule zurückkehrend, wurde ich im Dezember von Herrn Riedler ‚im Namen und Auftrag des vorgesetzten Ministeriums‘ unter Auferlegung der später durch mich zurückgeforderten Schweigepflicht aufgefordert, in den von ihm zusammengestellten Lehrkörper der zu begründenden Reformabteilung einzutreten und ihm ‚meine Bedingungen für den Eintritt mitzuteilen. Ich hatte Gelegenheit, mich in zwei mehrstündigen Unterredungen mit den Ansichten und Absichten des Herrn Riedler vertraut zu machen. Ich kam zu einer Ablehnung des Riedlerschen Standpunktes und Anerbietens und zwar zum Teil aus sachlichen Gründen, deren Erörterung nicht hierher gehört, im wesentlichen aber, weil ich das Vorgehen Riedlers gegen die Kollegen ‚hinterrücks und heimlich‘ aufs schärfste mißbilligte. Ich hatte Gelegenheit, in den Aussprachen mich davon zu überzeugen, daß es nicht ausschließlich sachlicheMotive waren, die Herrn Riedlers Handeln beeinflußten, sondern daß nicht zum kleinsten Teil persönliche Gefühle gegenüber einzelnen seiner Kollegen bestimmend mitwirkten. Diese Einsicht und die feste Überzeugung, daß auch eine neugegründete Abteilung, sie mag in ihren Mitteln und Kräften noch so glänzend ausgestattet sein, doch auf vertrauensvolles Zusammenarbeiten mit den älteren Kollegen angewiesen ist, wenn anders sie Erfolg bringen soll, haben mich zur Ablehnung der Mitarbeit bestimmt. Wohl halte ich eine Weiterentwicklung unserer Lehrmethoden und einen teilweisen Umbau unseres Lehrgebäudes den durch den Krieg neu geschaffenen Verhältnissen entsprechend für wünschenswert: beides kann aber nur erfolgen in vertrauensvollem Zusammenarbeiten aller Kollegen, zu dem ich, zunächst noch durch Herrn Riedler an die Schweigepflicht gebunden, durch den in Anlage 1 beigefügten Antrag an Rektor und Senat die Kollegen aufzurufen mich bemühte.

Ich kann verstehen, daß Herrn Riedler mein Nichteingehen auf seine Wünsche kränkte, daß er in meinem Antrag an Rektor und Senat eine Störung seiner Absichten erblickte, und endlich, daß dann später mein ablehnendes Gutachten gegenüber der Arbeit eines von ihm geschätzten Mitarbeiters mich ihm noch weniger angenehm machte: das alles gibt ihm aber noch kein Recht, mich gegen besseres Wissen als einseitigen Theoretiker, als Mann von mangelndem Fachwissen hinzustellen.

Es kommt Herrn Riedler aber auch gar nicht darauf an, seinen Gegner sachlich zu würdigen, sondern nur darauf, ihn in den Augen der Öffentlichkeit herabzuziehen.

Dafür möge das Folgende als Beleg dienen. In dem Abschnitt: Stiefwissenschaften, bespricht Herr Riedler als Beispiel für die stiefmütterliche Behandlung technischer Probleme durch die Wissenschaft die Reibung. Er behauptet: ‚gelehrt wird in der Reibungsfrage dasselbe, wie vor einem Jahrhundert, irreführend und falsch, wie ehedem. Vor einer so schmierigen Angelegenheit‘, — gemeint ist die Schmierung von Maschinenteilen — ‚obgleich sie Lebensbedingung aller Maschinenteile ist, verhüllt die hehre Wissenschaft das Haupt, und ihre Vertreter fliehen weitab in die reinen Gefilde theoretischer Betrachtung‘.

Dieser Vorwurf ist ganz allgemein gehalten und soll die Gutachter, also auch mich treffen. Jeder unbefangene Leser wird Herrn Riedler Recht geben und fragen: Warum geht ihr Theoretiker denn nicht an solche Fragen heran, deren Bedeutung Herr Riedler doch so deutlich kennzeichnet? Und wie liegen die Verhältnisse tatsächlich? Das Problem der Schmierung ist wissenschaftlich so weitgehend durchforscht, wie kaum ein zweites Gebiet. Der Schreiber darf einen nicht unbeträchtlichen Anteil dieser Arbeit für sich beanspruchen*): er hat dafür Anerkennung der Wissenschaftler wie der Fachgenossen, nicht zum wenigsten derer, die als Betriebsleute tätig sind, gefunden.**)

Auch das weiß Herr Riedler, wie ich durch eine persönliche Bemerkung desselben erfahren habe, und trotzdem diese Anwürfe.

Herr Eugen Meyer hat gerade über die trockene Reibung — also das Gebiet, welches das Löfflersche Buch betrifft — gearbeitet und für dieselbe prächtige Modelle geschaffen, die ihm Anerkennung und Beifall gebracht haben. Die Modelle betreffend das Abrutschen von Automobilen, die Reibung drehender Spindeln und die Keilreibung sind vielfach nachgemacht worden und haben in Hunderten von Studierenden das richtige Bild der Reibungsvorgänge geweckt. Auch das wird Herrn Riedler nicht unbekannt sein. Aber er schmäht und stellt zu dem Zwecke Behauptungen auf, über die allerdings der mit der Reibungsliteratur Vertraute lächeln muß.

Wie wenn ich einmal rückwärts prüfen würde, ob Herr Riedler mit dem Reibungsproblem so sehr vertraut ist, wie er sich den Anschein gibt. Wenn ich einmal fragen würde, wie z. B. die in Abb. 125 der letzten Ausgabe seines Buches über Maschinenzeichnen dargestellte Schmiernutenanordnung und die im Text gegebenen Regeln über die Anordnung von Schmiernuten sich mit den heutigen Anschauungen über die zweckmäßige Schmierung von Lagern vertragen?

Nur herabwürdigen, nur verneinen, das ist der Zweck und die Kampfmethode der Riedlerschen Schrift. Selbst die Tätigkeit einzelner Gutachter in wissenschaftlichen, zum Nutzen der Allgemeinheit arbeitenden Gemeinschaften muß dazu herhalten. Aber auch hier ist Herr Riedler im Unrecht. Der Ausschuß für

---

*) Das Problem der Lagerreibung: Mitteil. des Berliner Bezirksvereins deutscher Ing. 1914 u. 1916. — Die Schmierung und ihr Einfluß auf die Konstruktion. Jahrbuch der Schiffbautechn. Gesellschaft 1917, u. a. m.

**) Ich verweise z. B. auf den Vortrag des Herrn Oberingenieur Alt über die ›Probleme der Ölmaschine‹ und die anschließende Aussprache vor der Schiffbautechnischen Gesellschaft, November 1919.

technische Mechanik des Berliner Bezirksvereins deutscher Ingenieure ist nicht von mir gegründet, sondern von zum großen Teil in der Praxis stehenden Ingenieuren. Ich hatte nur die Ehre, von den Gründern zum Obmann gewählt zu werden und ich nahm das Amt gern an, da ich in dem vertrauensvollen Zusammenarbeiten von Wissenschaft und Technik allein Fortschrittsmöglichkeit sehe. Wer solches nicht schätzt, dessen Fernbleiben wird dem Ausschuß kein Verlust sein. Herr Eugen Meyer ist dem Ausschuß erst später auf ausdrückliche Aufforderung beigetreten.

Nun zur Kritik meines Gutachtens. Sie schließt sich in allen Punkten dem in der Löfflerschen Entgegnung zum Ausdruck Gebrachten an. Sie bemängelt vor allen Dingen, daß, ob ich zwar in meinem Gutachten die Reibung von einer neuen Seite erfaßt habe, ich meine Auffassung nicht begründet, insbesondere nicht angegeben habe, wie Rolltriebe nach meiner Theorie zu berechnen und zu werten seien, endlich daß ich keine Versuche und Wertzahlen angegeben habe. Nun, das letztere war nicht Sache meines Gutachtens, und die Begründung meiner Auffassung glaube ich in dem Gutachten genügend für den Zweck desselben gegeben zu haben. Doch lege ich alles, was ich zur Sache vorläufig zu sagen habe, gerne hier vor (Teil III), in der Hoffnung, der wissenschaftlichen und versuchstechnischen Erfassung der Gleit- und Rollreibung damit einen Dienst zu tun.

Den Vorwurf, daß ich mein Urteil abgegeben habe, ohne das Buch bis zu Ende gelesen zu haben, glaubte ich nach dem Studium der ersten Kapitel auf mich nehmen zu können: in der Zwischenzeit habe ich das Buch vollends durchlesen und mein Urteil voll bestätigt gefunden. Ich habe von den Dingen, ‚die ich in dem von mir durchgesehenen Teil vermißt habe‘, Klarheit, wissenschaftliche Strenge und Verständnis der mechanischen Probleme, auch in dem restlichen Teil nichts gefunden.

Die eigentliche positive Kritik an meinem Gutachten enthält wie in der Löfflerschen Entgegnung so in der Riedlerschen Schrift, drei Angriffspunkte. Ich will etwas ausführlicher auf dieselben eingehen.

Löffler-Riedler behaupten, daß meine Auffassung der Rollreibung der Wirklichkeit widerspreche, indem sich nach meiner Theorie Rollverlust nur mit weicher Walze auf starrer Bahn, nicht aber bei starrer Walze auf elastischer Bahn ergebe.

Diese mir zugeschobeneBehauptung habe ich nirgends aufgestellt:
ich habe behauptet, daß im Fall der starren Walze auf elastischer
Bahn das Moment der Formänderungskraft der einen, nämlich
der starren Walze gleich Null ist: eine beinahe selbstverständliche
Aussage. Der Rollverlust setzt sich aber aus zwei Teilen zusammen, dem Formänderungsverlust von Walze und Bahn. In
diesem Falle kommt also nur der Formänderungsverlust der
Bahn in Frage.

Zweitens behaupten Löffler - Riedler, daß meine Auffassung der Rollreibung der Wirklichkeit widerspreche, weil ich
ausgesagt habe, daß eine getriebene Walze gegenüber der treibenden ohne Schlupf laufen, ihr sogar voreilen könne. Die Tatsache ist durch die einwandfreien — noch heute im Gegensatz

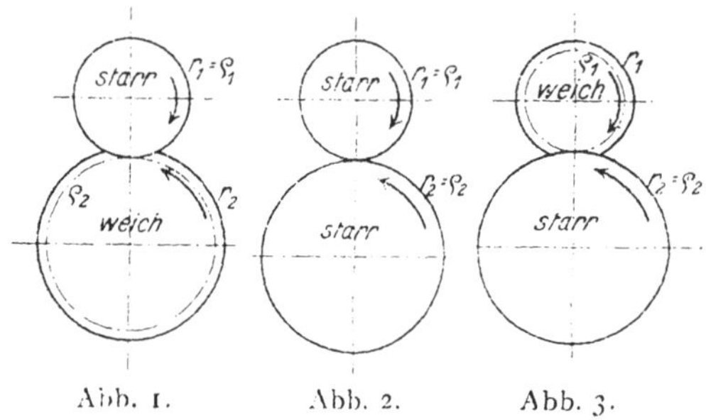

Abb. 1.   Abb. 2.   Abb. 3.

zur Riedlerschen Meinung maßgebenden — mustergiltigen Messungen Reynolds*) und auch durch die Versuche von Jahn**)
bestätigt, ergibt sich auch ohne weiteres aus der Überlegung, daß
für das Übersetzungsverhältnis eines Rolltriebs nicht das Verhältnis der geometrischen — nicht deformierten — Durchmesser
maßgebend sein kann, sondern vielmehr das Verhältnis der Längen
der aneinander ablaufenden, deformierten Rollenumfänge. Die
Längen der deformierten Umfänge sind aber ganz abhängig von
der Art und dem Grad der Deformationen. Es wird z. B. ein
gänzlich verschiedenes Übersetzungsverhältnis herauskommen,
wenn ich das treibende Rad starr, das getriebene weich annehme

---

*) Osborne Reynolds, On Rolling-Friction. Philosophical Transactions
Royal Soc. London (166) 1876.

**) J. Jahn, Die Beziehungen zwischen Rad und Schiene. Zeitschrift des
Vereins deutscher Ing. 1918 (62).

(Abb. 1) gegenüber einem ganz starren Getriebe (Abb. 2) oder einem Getriebe gleicher Abmessungen mit einem weichen treibenden und einem starren getriebenen Rad. (Abb. 3).

Ich vermag nicht zu glauben, daß Herr Riedler wirklich meint, daß diese selbstverständlichen Tatsachen zu einem Widerspruch mit dem Gesetz von der Erhaltung der Energie führen. Entweder hat Herr Riedler das Löfflersche Urteil unbesehen übernommen, oder es ist auch diese Behauptung nur aufgestellt in der Überzeugung, daß die große Menge der Leser doch nicht fähig oder willens ist die Tatsachen nachzuprüfen.

Endlich behaupten Löffler - Riedler, daß ich getrennte Wertzahlen für jeden Teil des Rolltriebes verlange, die praktisch gar nicht zu bestimmen seien. Auch das ist unrichtig! Ich weise in meinen Ausführungen nur nach, daß der ‚Wälzarm‘ von dem Übersetzungsverhältnis abhängig ist. Damit wird der praktischen Ermittelung des Wälzarms durch den Versuch der Weg gewiesen, insofern als jedes Übersetzungsverhältnis gesonderte Ermittelung des Wälzarms erforderlich macht. Wollte Herr Riedler z. B. Werte des Wälzarms, die bei Rolle und ebener Bahn gewonnen sind, auf ein Getriebe mit zwei Rollen übertragen, so würde er, wie meine Ableitungen zeigen, einen Fehler begehen.

——— — — — —— — — — — — — —— — — —— —— — — — — ——

Wie sagten Sie doch, Herr Riedler? ‚Nachsagen ist bequemer als Selbstdenken und Forschen‘.

Nur müssen Sie sich vorsehen, wem Sie nachsagen.

Anlage I.

Charlottenburg, 29. Januar 1919.

An
Rektor und Senat
der technischen Hochschule zu Berlin.

Der vom Verein deutscher Ingenieure eingesetzte Ausschuß für Technisches Schulwesen hat in seiner Sitzung vom 31. Mai 1918 in Gegenwart zahlreicher Hochschullehrer die unwidersprochene Behauptung aufgestellt, daß der Hochschulunterricht reformbedürftig sei.

Ich beantrage

1. eine grundsätzliche Meinungsäußerung des Senats herbeizuführen, ob der Unterricht an den technischen Hochschulen reformbedürftig ist,

2. bejahenden Falles ungesäumt die erforderlichen Maßnahmen zu treffen, um die Führung der Reformbewegung in die Hand zu bekommen,

3. die Abteilungen und einzelne Mitglieder des Lehrkörpers zur Äußerung über die Ziele und Wege einer Reform zu veranlassen.

Die beigefügten Ausführungen über Ziele und Wege der akademischen Ingenieurausbildung sind sämtlichen Mitgliedern der Abteilungskollegien zugestellt worden.

Ziele und Wege der akademischen Ingenieurausbildung.

Eine Verständigung über die Ziele und Wege der akademischen Ingenieurausbildung innerhalb der Hochschulen erscheint angesichts gewisser Bestrebungen Außenstehender, in das Hochschulleben einzugreifen, dringend erforderlich.

Nichts fällt dem nach vierjähriger Abwesenheit zur Lehrtätigkeit Zurückkehrenden so sehr auf, als die Unruhe und Unsicherheit, welche heute in den berufenen Kreisen über die Ziele und Wege der akademischen Ingenieurausbildung herrschen. Diese Unruhe ist nicht etwa eine Folge der jüngsten Umwälzungen: schon zu einer Zeit, da der Erfolg der Technik nur durch den Erfolg der Waffen übertroffen wurde, bescheinigte die Industrie den Hochschulen, daß »der Hochschulunterricht zweifellos reformbedürftig*) sei«. Dieser Ansicht steht die mancher Hochschullehrer entgegen, welche glauben, durch Anpassung des Unterrichts an die Aufgaben der fortschreitenden Technik den Zielen des akademischen Unterrichts nachkommen zu können. Wie dem auch sei: nachdem die Frage der Reformbedürftigkeit aufgeworfen ist, haben die akademischen Lehrer die Pflicht des Prüfens. Ist die akademische Ingenieurausbildung reformbedürftig, so sind sie es, die aus sich heraus die notwendigen Vorschläge zu machen und die entsprechenden Reformen durchzusetzen berufen sind, nötigenfalls unter Einholung der Erfahrungen von Fachleuten und der Wünsche der Industrie.

Eine Verständigung der Hochschullehrer — zunächst innerhalb der Abteilungen und einzelnen Hochschulen — und eine gemeinsame Vertretung der ihnen anvertrauten Interessen bei der Unterrichtsverwaltung und gegen unberufene Einmischung erscheinen dringend geboten.

Zunächst wird Aussprache angeregt.

Diese Verständigung ist nur möglich, wenn man sich in erster Linie über die Ziele der Ingenieurausbildung klar ist. Eine allgemeine Aussprache über diese sowie über die besten Wege, sie zu erreichen, muß weiterem Handeln vorangehen. In diesem Sinne sollen die folgenden Ausführungen verstanden werden.

---

*) Siehe Bericht über die Verhandlungen des Hochschulausschusses des deutschen Ausschusses für technisches Schulwesen vom 31. Mai 1918.

Ziel des technischen Hochschulunterrichts ist Erziehung zum folgerichtigen technischen Denken und Schaffen.

Welches ist das Ziel der akademischen Ingenieurausbildung? Das Ziel der akademischen Ingenieurausbildung ist, Menschen zu folgerichtigem Denken im allgemeinen, im besonderen zu folgerichtigem technischen Denken und daraus herauswachsend zu folgerichtigem technischen Schaffen zu erziehen. Ziel des Unterrichts ist also nicht, Konstrukteure einer bestimmten Fachrichtung, Betriebs- oder Verwaltungsingenieure heranzubilden: das wäre das Ziel von Mittelschulen. Das Ziel des akademischen Unterrichts steht höher. Der akademische Unterricht soll den Menschen allgemein, insbesondere aber in technischen Dingen, urteils- und gestaltungsfähig machen. Die Erziehung des Menschen zum folgerichtigen Denken ist das gemeinsame Kennzeichen jeder Hochschulausbildung, sei es der Universität, der technischen oder Handelshochschulen. Die Erziehung zu folgerichtigem Denken, auf einem besonderen Gebiet vertieft, ist das die betreffende Fakultät oder Hochschule kennzeichnende Ziel, z. B. das technische Denken, d. h. das folgerichtige Denken in technischen Fragen: das Ziel der technischen Hochschule, das folgerichtige Denken in Handelsfragen: das Ziel der Handelshochschule usw.

Ziel ist nicht ein bestimmtes Maß von Wissen einzupflanzen,

Die Schulung des Geistes, nicht ein bestimmtes Maß von Wissen, ist der Prüfstein für den Erfolg des Hochschulunterrichtes. Die Technik hat sich in den letzten Jahrzehnten ungeahnt entwickelt. Was man vor 20 Jahren in einem gutgeschriebenen Kollegheft über die Einzelheiten irgendeines Spezialgebietes der Technik nach Hause trug, ist heute veraltet. Wenn der Inhalt dieses Kollegheftes die ganze Frucht des Studiums war, wäre sie heute wertlos geworden. Dauernd wertvoll bleibt nur das, was zum geistigen Eigentum des Menschen geworden ist. Selbstverständlich kann kein Unterricht das Ausführungsbeispiel entbehren: im Gegenteil! Gut gewählte Beispiele sind Voraussetzung für das Verständnis, aber nur als solche Beispiele im Rahmen der höheren Ziele des Unterrichts darf der besondere Fachunterricht, sei es im Dampfmaschinenbau, der Elektrotechnik, dem Schiffbau betrachtet werden. Das allen Ingenieurfächern Gemeinsame muß im Unterricht vorangestellt und hervorgehoben werden, so daß der Studierende fähig ist, nach dem Hochschulstudium, nach kurzer Zeit spezieller Einarbeitung, auf jedem Gebiet der weitverzweigten Technik sich zurechtzufinden.

auch nicht Spezialisten zu bilden,

Keinesfalls soll der Hochschulunterricht der frühzeitigen Spezialisierung auf ein Brotstudium Vorschub leisten. Diese Aufgabe kennzeichnet die Mittelschulen. Wohl aber soll der Studierende in höheren Semestern auf Grund selbsterworbener Urteilskraft in der Lage sein, aus den verschiedenen Zweigen der Technik, die er beispielsweise kennen gelernt hat, denjenigen auszuwählen und zu vertiefen, welcher seinen Fähigkeiten und seiner Individualität am besten zusagt.

sondern in erster Linie Erkenntnis zu vermitteln der in der Technik zusammenarbeitenden Einzelwirkungen,

Folgerichtig technisch denken, heißt die Dinge in ihrem Zusammenhang erkennen. Nur diese Erkenntnis führt zur richtigen technischen Gestaltung. Alle Einzelwirkungen, welche in der Technik zusammenarbeiten, müssen durch den Unterricht der Erkenntnis zugeführt werden.

vor allen Dingen der Naturgesetze,

In erster Linie sind es die Gesetze der Natur, welche das Stoffliche beherrschen, und die zu meistern in der überwiegenden Mehrzahl von Fällen Aufgabe des Ingenieurs ist. Die Naturwissenschaften, Physik und Chemie, Mechanik, Wärmelehre, Elektrizitätslehre, Materialkunde müssen die breiten und sicheren Grundlagen des Unterrichts sein. Nicht ernst und oft genug kann der Studierende auf die Tatsache hingewiesen werden, daß von der Stärke dieses Fundamentes die Sicherheit des Baues abhängt, den er als Lebensaufgabe sich vornimmt. Man muß es einmal scharf aussprechen, daß, wenn ein Studierender an der Hochschule nichts gelernt hätte, als eben diese Grundlagen wirklich in sich aufzunehmen, er damit dem Ziel der akademischen technischen Ausbildung näher stünde, als der Student, der sich, ohne diese Fundamente gelegt zu haben, semesterlang in konstruktiven Arbeiten modernster Fragestellung betätigt hat. Bei dieser Bedeutung des naturwissenschaftlichen Unterrichts darf das Studium der Naturwissenschaften, insbesondere aber das Studium der Mechanik nicht etwa mit den Anfangsgründen abgeschlossen werden, sondern es ist zu pflegen und zu vertiefen, solange überhaupt der Studierende an seiner Ausbildung arbeitet.

mit den zu ihrer Erkenntnis notwendigen Hilfswissenschaften,

Neben den grundlegenden naturwissenschaftlichen Fächern sind alle Hilfsmittel, welche zur Erschließung der naturwissenschaftlichen Erkenntnis wichtig und unentbehrlich sind, insbesondere also die Mathematik in ihren verschiedenen Formen sorgfältig zu pflegen. Dabei wird im Auge zu behalten sein, daß die Lehren der Mathematik, der Mechanik usw. nur von solchen Lehrern vorgetragen werden sollen, welche das betreffende Gebiet als Ganzes beherrschen und daß im Unterricht nicht nur Gebiete herausgegriffen werden dürfen, welche heute bereits eine technische Anwendung oder Bedeutung gefunden haben. Zugleich muß aber verlangt werden, daß diese Lehrer nicht nur für die Technik und ihren Zusammenhang mit ihrem besonderen Lehrfach »Interesse besitzen«, sondern daß sie die Technik auch tatsächlich kennen.

und der die Erzeugung und die Wirtschaft regelnden Faktoren.

Neben den Gesetzen der Natur sind die Gesetze zu lehren, welche das Leben des Menschen, Warenerzeugung und Wirtschaft regeln, doch wohlverstanden nicht in dem Sinne, als sei es Aufgabe der technischen Hochschule, vertieftes rechtliches oder volkswirtschaftliches Denken zu übermitteln, das ist Aufgabe anderer Hochschulen, der rechts- und volkswirtschaftlichen Fakultät der Universität.

Ein so geleiteter Unterricht wird mit dem speziellen technischen Denken das folgerichtige Denken allgemein fördern, nicht minder als es zum Beispiel das Studium der Philosophie zu fördern imstande ist.

Erst mit der Erkenntnis der Einzelwirkungen wird technisches Gestalten möglich.

Letzten Endes ist das Ziel jeder Ingenieurtätigkeit das Gestalten. Richtiges Gestalten kann nur aus richtiger Erkenntnis der den Vorgang beherrschenden Gesetze und richtiger gegenseitiger Abschätzung ihrer Bedeutung erfolgen. Der Unterricht im Gestalten wird sich vorzugsweise der Zeichnung als Ausdrucksmittel bedienen. Die gewandte Handhabung des Zeichenstiftes ist daher eine wünschenswerte Zugabe zur Fähigkeit des Gestaltens, aber sie ist für dieselbe nicht unbedingt notwendig und darf noch weniger mit derselben verwechselt werden.

Der Unterricht im Gestalten hat gleichlaufend mit der fortschreitenden Erkenntnis zu erfolgen.

Der Unterricht im Gestalten hat gleichlaufend mit der fortschreitenden Erkenntnis zu erfolgen. Er darf niemals, auch nicht in den ersten Semestern, als reiner Unterricht im Zeichnen aufgefaßt werden, sondern muß auch in den einfachsten Beispielen dem Studierenden zum Bewußtsein bringen, daß richtiges Gestalten nur die Frucht richtigen technischen Denkens sein kann. Die Unterrichtsbeispiele dürfen aus diesem Grunde zu keiner Zeit über den Rahmen hinausgehen, innerhalb dessen der Studierende alle wirksamen Faktoren wirklich zu erkennen in der Lage ist.

Allzu umfangreiche Zeichenarbeit verkennt das Wesen des Gestaltungsunterrichts.

Um den Zweck des Unterrichtes zu erfüllen, ist es nicht nötig, den Studenten mit großen und umfangreichen, insbesondere zeichnerisch umfangreichen Arbeiten zu beschweren; mehrere kleine Arbeiten — diese aber gründlich und ernst bearbeitet — sind für die Erreichung des Zieles des akademischen Unterrichts wichtiger. Insbesondere ist es nicht erforderlich, daß die Aufgaben »modern« sind. Es ist noch kein junger Ingenieur als unbrauchbar draußen bezeichnet worden, weil er, von der Hochschule kommend, mit den neuesten Erscheinungen der fortschreitenden Technik nicht vertraut war: aber gar viele haben in praxi viel einfachere Aufgaben als diejenigen, welche sie als Schüler und Assistenten von der Schule vorgesetzt bekamen, nicht erfüllen können, weil ihnen die Grundlage, das folgerichtige technische Denken, der die vorliegenden Verhältnisse erkennende und ordnende Geist, fehlte.

Wichtig ist die Pflege der Anschauung auf allen Lehrgebieten,

Eine notwendige Voraussetzung für richtige Gestaltung ist die Fähigkeit der lebendigen Anschauung. Wie der Künstler nicht gestalten kann ohne sie, so auch nicht der Ingenieur. Anschauungsunterricht kann deshalb nicht eifrig genug gepflegt werden, aber nicht etwa als eine Disziplin für sich, sondern mit jedem einzelnen Unterrichtsfach lebendig verbunden, mit dem naturwissenscbaftlichen Unterricht ebenso wie mit dem mathematischen oder dem Unterricht in den einzelnen Fächern der Gestaltungslehre.

aber der Anschauungsunterricht muß sich auf Beispiele beschränken, welche der Studierende wirklich überblicken kann.

Der Ruf nach Laboratorien ist durch den Drang verursacht, den Unterricht anschaulich zu gestalten. Aber es scheint bei dem Ausmaß und der Einrichtung dieser Laboratorien vielfach eine Grundtatsache übersehen worden zu sein, nämlich die, daß der Lernende nur Einfaches in sich aufzunehmen imstände ist: komplizierte Mechanismen, große »moderne« Maschinen und Maschinenanlagen wirken wohl äußerlich auf den Schüler, aber sie verwirren in der Mannigfaltigkeit der Eindrücke viel mehr, als sie die Anschauung fördern. Das Grundlegende herauszuschälen, es so einfach wie möglich darzustellen, ist auch Aufgabe des anschaulichen Laboratoriumunterrichts.

Die Tatsache, daß der Studierende aus der Darstellung umfangreicher oder komplizierter Objekte keinen oder nur geringen Vorteil zu ziehen in der Lage ist, sollte im Unterricht auch dort nicht übersehen werden, wo das an sich schöne Hilfsmittel des Projektionsapparates zur Verfügung steht.

Wesentlich für den Erfolg des Gestaltungsunterrichtes ist die Wahl des Lehrers.

Für den Gestaltungsunterricht ist die Wahl des Lehrers von besonderer Wichtigkeit. An diesen sind die höchsten Anforderungen zu stellen, denn er muß die ganzen mannigfachen Zusammenhänge in allen

Die Ursache des Gefühls der Reformbedürftigkeit ist bedingt durch den Vergleich der äußeren Erfolge der Hochschulbildung mit der Mittelschulbildung.

Erfolg der Mittelschulen ist bedingt durch engeres Ziel, Zwangsunterricht und bessere praktische Vorbildung.

Die technische Hochschule muß ihre Ziele und ihre Unterrichtsmethoden nachprüfen. Sie muß ihr Ziel von dem der Mittelschule abrücken.

Einzelheiten überblicken und auch fähig sein, dem Studierenden im einzelnen in die Erkenntnisgebiete zu folgen, die der vorangegangene, besondere Unterricht demselben geöffnet hat. Spezialistenkenntnis allein wird im allgemeinen unfähig zum Hochschullehrer machen, Kenntnis der Naturgesetze ohne ausgiebige Erfahrung in den übrigen bestimmenden Faktoren der Herstellung und des Wirtschaftslebens genügt ebenso wenig. Ein möglichst die ganze Technik und die Naturwissenschaften umfassender Blick mit gründlicher Erfahrung auf einem besonderen Gebiet wird zu fordern sein.

Vor allem werden aber, wenn der Unterricht einen der hohen Schule werten Erfolg bringen soll, alle Lehrer bereit sein müssen, sich auf den gleichen Boden zu stellen und anzuerkennen, daß es nicht ihre Aufgabe ist, Spezialisten einer bestimmten, dem Lehrer vielleicht naheliegenden Richtung auszubilden, sondern daß sie alle nur durch besondere Beispiele mithelfen an der eigentlichen Aufgabe der Hochschule, der Ausbildung des Studierenden zu folgerichtigem Denken und folgerichtigem Schaffen.

Das Gefühl der Reformbedürftigkeit der akademischen Ingenieurausbildung hat wohl im wesentlichen seine Ursache in der Erfahrung, daß der Vorsprung, den das Hochschulstudium der Mittelschulbildung gegenüber gewährt, im Durchschnitt nicht im richtigen Verhältnis zu dem Mehraufwand an Lebenszeit und Geld steht. Die Mittelschulen, zum Teil mit außerordentlichen Mitteln und guten Lehrkräften ausgestattet, haben nur das eine Ziel zu verfolgen, der Industrie brauchbare Ingenieure für bestimmte Spezialgebiete zu liefern. Das Ziel ist also viel enger gesteckt wie das, welches wir als Ziel der akademischen Hochschulausbildung erkannt haben und wird noch dazu durch Zwangsunterricht in intensiverer Weise und mit Leuten verfolgt, welche zum Teil bereits durch mehrere Jahre praktische Ausbildung genossen haben. Indem die technische Hochschule spezialisiert, macht sie sich zur Mittelschule, da ihr der Zwangsunterricht und Schüler mit entsprechend ausgedehnter praktischer Vorbildung fehlen, tritt sie im Erfolg hinter dieselbe.

Die technische Hochschule muß sich auf ihre wahren Ziele besinnen: Erziehung zum technischen Denken allgemein, nicht Anlernen von Spezialisten. Die technische Hochschule muß sich aber auch darauf besinnen, ob ihre bisherige Unterrichtsmethode, die sich auf die Lehr- und Lernfreiheit, welche die geschichtliche Entwicklung mit sich gebracht hat, stützt, unter den heutigen Verhältnissen noch aufrecht erhalten werden kann.

Was ist der Sinn der Lehrfreiheit? Der Sinn der Lehrfreiheit ist der, den Vortragenden frei zu machen von einer ängstlichen Rücksicht auf den Hörer oder ein bestimmtes Unterrichtssystem, dem Vortragenden die Möglichkeit zu geben, seiner Individualität entsprechend die gewonnene eigene Erkenntnis weiter zu geben, zunächst ohne Rücksicht darauf, ob der Hörer fähig ist, diese Erkenntnis völlig in sich aufzunehmen. Diese Lehrfreiheit darf, solange sie sich in die allgemeinen Ziele des Unterrichts einordnet, dem akademischeu Lehrer gewiß nicht genommen werden, sie findet aber von selbst ihre Einschränkung, sobald es sich um Unterrichtsfächer handelt, in denen eine persönliche Fühlungnahme des Lehrers mit dem Schüler unvermeidbar ist. In den »Übungen« muß der Lehrer auf die Besonderheiten des Schülers eingehen und das System des Unterrichts anerkennen, welches die Mittelschule zum Erfolg führt. Dabei erweist sich wieder die Hochschule im allgemeinen im Nachteil gegenüber der Mittelschule: in den Mittelschulen eine beschränkte Anzahl von Studierenden, im einzelnen dem Lehrer aus dem regelmäßig besuchten täglichen Unterricht bekannt, an den Hochschulen unbegrenzte Schülerzahl und die Unmöglichkeit für den Lehrer, auch beim besten Wollen mit jedem Einzelnen in unmittelbare Fühlung zu kommen.

Hier muß meines Erachtens die Reform des Hochschulunterrichts in erster Linie einsetzen. Der Unterricht muß so gestaltet werden, daß er an Fruchtbarkeit auch für das Mittelmaß nicht hinter dem Zwangsunterricht der Mittelschule zurücksteht. Der Vorlesungsunterricht ist zu beschränken, Dinge, die lediglich beschreibender Natur und in Büchern breit und gut dargestellt sind, dürfen mit Rücksicht auf zweckmäßige Zeitausnutzung nicht nochmals vom Katheder herab ausführlich wiederholt werden. Eine lebendige Erklärung der Zusammenhänge des als bekannt vorauszusetzenden Stoffes zu geben, ihn an Beispielen greifbar zu gestalten, ist die vornehmste Aufgabe des Vortragenden. Dagegen sind die Übungen zu erweitern und zum seminaristischen Unterricht auszubilden, d. h. zu einem Unterricht, an welchem nicht, wie in den bisherigen Übungen, der Lehrer mit dem Einzelnen, sondern die Gesamtheit mit dem Lehrer arbeitet, wo durch Rede und Ge-

Der Vorlesungsunterricht ist zu beschränken. Die Übungen sind zum seminaristischen Unterricht auszubauen. Die Zahl der Lehrer ist in vernünftiges Verhältnis zur Zahl der Schüler zu bringen.

genrede nicht verstandene Punkte der Vorlesung geklärt, irrige Ansichten des Einzelnen der Gesamtheit zu nutze richtig gestellt werden. Dieser seminaristische Unterrichtsbetrieb hat sich nicht allein auf die naturwissenschaftlichen und mathematischen Fächer zu beschränken, sondern ist in gleicher Weise auf den gestaltenden Unterricht und auf den Zeichensaal auszudehnen. Der seminaristische Unterricht reißt die Wand ein, die heute noch vielfach zwischen akademischem Lehrer und Schüler aufgerichtet ist, und verbindet Schüler, Assistent und Lehrer. Denn der Assistent wird dadurch, daß er an dem Seminar im allgemeinen nur als Zuhörer und nur beschränkt in seiner eigentlichen Eigenschaft teilnimmt, in weit höherem Maße fähig, die Gedanken des Lehrers im Übungssaal zu vermitteln, als dies bisher der Fall war.

Es ist hiernach zu fordern: Einschränkung des vortragenden und Ausbau des seminaristischen Unterrichts unter Beibehaltung völliger Lehrfreiheit im Rahmen der allgemeinen Ziele des akademischen Unterrichts.

Der Hochschulverwaltung aber erwächst die Pflicht, die Zahl der Lehrer in ein solches Verhältnis zur Zahl der Schüler zu bringen, daß der Zweck des seminaristischen Unterrichts — unmittelbare Fühlung zwischen Lehrer und Schüler — auch wirklich erreicht werden kann.

Feste Lehrpläne und Prüfungsprivilegien sind zu beseitigen,

Und was ist der Sinn der Lernfreiheit? Doch nicht der, daß es dem Einzelnen freistehen soll, zu lernen oder nicht, die Schule, deren Schüler er sich später zu sein rühmt, in seiner Tätigkeit zu ehren oder zu verunehren. Die Pflicht des Lernens steht außerhalb der akademischen Lernfreiheit. Lernfreiheit heißt nur, seinen Ausbildungsgang, seine Lehrer insbesondere, so wählen zu dürfen, wie es der eigenen Individualität am besten zusagt. Dieses Recht des Studierenden, das Recht des freien, aufstrebenden Geistes, darf nicht beschnitten werden durch Zwangsvorschriften, wie feste Lehrpläne, Prüfungsprivilegien einzelner Lehrstühle, Bevorzugung der ordentlichen Professoren gegenüber freien Lehrern. Wer auf mich in dem Sinne einwirkt, daß er meine Fähigkeit zum folgerichtigen Denken oder Handeln nach einer bestimmten Seite in besonderer Weise fördert, der ist mein Lehrer: das muß als oberster Grundsatz gerade dem Akademisch-Studierenden gegenüber hochgehalten werden und jeder Eingriff von außen, sei es durch Prüfungsvorschriften von Staatsbehörden oder von innen durch solche des Lehrkörpers, ist als dem Geiste der akademischen Frei-

nur Richtlinien an Hand ausführlich ausgearbeiteter Vorlesungsverzeichnisse sind dem Schüler zu geben.

heit und dem Ziele des akademischen Unterrichts widersprechend abzulehnen.

Gewiß werden bestimmte Richtlinien für das Studium dem jungen, noch unerfahrenen Anfänger in die Hand zu geben sein, aber nur Richtlinien ohne Bindung an Namen, ohne Hervorhebung einer bestimmten Fachrichtung. Andererseits muß aber der Inhalt der Vorlesungen weit schärfer im einzelnen in den Studienplänen angegeben werden, als dies zur Zeit der Fall ist, um dem Studierenden und seinem wichtigsten Berater, dem älteren Kommilitonen, die Möglichkeit richtiger Auswahl zu geben.

Prüfungen sind nicht auf Kenntnisse, sondern auf Verständnis aufzubauen, Beurteilung hat nicht durch Einzelne, sondern durch ein Kollegium zu erfolgen.

Gewiß muß der Erfolg des Studiums durch Prüfungen nachgewiesen werden, und es müssen Richtlinien aufgestellt werden, welche das Mindestmaß des zu Erreichenden und in der Prüfung Nachzuweisenden darstellen. Aber das Prüfungsprivileg des Einzelnen, als Mittel Hörsaal und Übungen zu füllen. oft ganz gegen den Willen und das Ziel des Studierenden, muß wegfallen. Der Nachweis, daß das Ziel des technischen Hochschulunterrichtes, die Fähigkeit, technisch zu denken und zu schaffen, erreicht ist, muß bei der Prüfung allein im Auge behalten werden, nicht der Nachweis einer bestimmten Menge von Kenntnissen. Hierzu ist die Diplomarbeit aber nur dann ein gutes Mittel, wenn ihre Entwicklung in den Seminarien oder den Übungen von dem beurteilenden Lehrer sorgfältig verfolgt worden ist. Neben der Bearbeitung einer Diplomarbeit müßte dem Studierenden eine mündliche Prüfung in Form eines etwa zweistündigen Koloquiums vor einem Dreimänner-Kollegium auferlegt werden in Form einer Aussprache über Zweige der Technik, deren Verfolgung der Student in den letzten Semestern sich nach seiner freien Wahl hat angelegen sein lassen. Durch die Vorschrift, daß in diesem Kollegium mindestens zwei ordentliche Professoren zu sitzen haben, kann dafür gesorgt werden, daß die Entwicklung des Unterrichts in den von den berufenen Vertretern des Hochschulunterrichts vorgezeichneten Bahnen sich bewegt, auch ohne daß die Lehrfreiheit und das Recht der freien Lehrer, die eigenen Schüler zu prüfen, berührt zu werden braucht.

Schärfste Auslese durch strenge Semestralprüfungen in den ersten vier Semestern.

Während der ersten vier Semester erscheinen Semestralprüfungen durchaus wünschenswert, die insbesondere auf die Frage strenge Antwort zu geben hätten, ob der Studierende überhaupt fähig erscheint, das Ziel der akademischen Ausbildung, folgerichtiges technisches Denken und Schaffen, zu erreichen.

Rechtzeitige und schärfste Sichtung der Nichtberufenen, die an Mittelschulen vielleicht noch zu brauchbaren Spezialisten oder in anderen Fakultäten zu nutzbringenden Menschen erzogen werden könnten, ist unbedingt erforderlich, sollen unsere Hochschulen nicht Bildungsstätten der Halbheit werden. Nicht ernst genug kann dem Studenten zu Gemüte geführt werden, daß die ersten Semester die ›grundlegenden‹ sind und jedes Versäumnis in diesen doppelt zu rechnen ist.

Die praktische Vorbildung ist systematisch zu gestalten und soll in besonderen Werkstätten unter Leitung von Hochschullehrern erfolgen.

Als ein Übergewicht der Mittelschulen über die Hochschulen haben wir oben die Tatsache hingestellt, daß die Schüler vielfach mit größerer praktischer Erfahrung zur Schule kommen. Dieser Punkt darf nicht übersehen werden. Der beste Unterricht unterstützt durch die besten Anschauungsmittel, kann das persönliche Erleben nicht ersetzen. Spricht der Unterricht zum Verstand, so spricht das persönliche Erleben zum Gefühl. Nur die Hantierung mit dem Material oder Werkzeug schafft jenes instinktive Bewußtsein, das für den anschließenden Unterricht von dem größten Wert ist. Darum darf die praktische Tätigkeit vor dem Eintritt ins Studium nicht vernachlässigt werden, aber soll sie, wie es dringend wünschenswert ist, verkürzt werden, so muß sie systematisch und insbesondere unter einer Anleitung erfolgen, die den Arbeitenden auf die Zusammenhänge aufmerksam macht. Wird das bei der heute geübten Tätigkeit im Rahmen eines Fabrikbetriebes möglich sein? Sicher nicht. Hier muß die Hochschule für ihren späteren Jünger eintreten. Es müssen besondere staatliche Werkstätten geschaffen oder solche an bestehende angegliedert werden, in welchen die Schüler die praktische Arbeit unter Leitung von Hochschullehrern kennen lernen, nicht etwa in spielerischer Tätigkeit oder im Sinne von Volontären oder Laboranten, sondern als Arbeiter, Schulter an Schulter mit solchen, in produktiver Arbeit. Nur so kann der Vorsprung, den auch in dieser Hinsicht die Mittelschule hat, überwunden werden.

Das Übergewicht des Hochschülers liegt allein in seiner Fähigkeit, folgerichtig technisch denken und schaffen zu können, äußerlich ist der Hochschüler unmittelbar nach dem Verlassen der Hochschule dem Mittelschüler gegenüber im Nachteil.

Das Übergewicht des Hochschülers gegenüber dem Mittelschüler liegt allein in der Fähigkeit, folgerichtig technisch denken und schaffen zu können. Äußerlich dürfte der Mittelschüler dem Hochschüler unmittelbar nach dem Verlassen der Schule überlegen sein. Aber Menschen, erzogen zu folgerichtigem Denken, werden sicher später, in welche Lage des Lebens sie auch kommen mögen, sich rascher einzuarbeiten vermögen, als solche, deren Gesichtskreis eng ist. Die akademische Schule gibt ihren

Schülern in der Fähigkeit, zu sichten und zu ordnen, Zusammengehöriges zu verbinden, Fremdes zu trennen, das mit, was einer geistigen Registratur fürs Leben gleichkommt. Der Inhalt der einzelnen Fächer in dieser Registratur ist zunächst nur dürftig, denn die Hochschule betrachtet es ja nicht als ihre Aufgabe, dem Studenten die Fächer mit Kenntnissen vollzupacken. Das soll das Leben. Wird ein solcher Student, von der Schule ins Leben tretend, fähig sein, den an ihn herantretenden Anforderungen zu entsprechen, insbesondere wird er den Wettkampf mit dem Mittelschüler, der mit dem vollgefüllten Kasten seines Spezialfaches ihm entgegentritt, aufnehmen können? Ich wiederhole: Zunächst vielleicht nicht, aber wie der Kaufmann, der ordentliche Bücher führt, dem Kaufmann überlegen ist, der nur chronologische Notizen macht, so wird der Hochschüler in seiner Fähigkeit auch Dinge, die ihm zunächst neu gegenübertreten, in die richtigen Fächer seiner Geistesregistratur einzufügen, bald Überlegenheit über den Mittelschüler erringen können.

Dessen muß sich Schüler, Schulverwaltung und Industrie bewußt bleiben. Die Industrie muß dem im besonderen durch angemessene Anforderungen an die Anfangsleistungen und entsprechende Salärierung Rechnung tragen.

Aufgabe der Hochschule wird es sein, diejenigen Kreise, welche unsere jungen Ingenieure in die Hand bekommen, davon zu überzeugen, daß die vielfach getadelte, anfängliche Unterlegenheit des Hochschulingenieurs eine bewußte Folge des Zieles des technischen Hochschulunterrichtes ist, und daß es nicht beabsichtigt ist und auch nicht im wahren Interesse der Industrie liegt, die höheren Ziele der Hochschule der leidigen Konkurrenz mit dem Mittelschüler halber z. B. durch einen forcierten oberflächlichen Konstruktionsunterricht herabdrücken zu lassen. Aufgabe der Hochschule wird es sein, diese Kreise anzuhalten, die Salärierung der ersten Jahre des neu eintretenden Hochschulingenieurs nicht nach den augenblicklichen Leistungen zu bemessen, sondern nach dem, was die Hochschulbildung in späteren Jahren zu nützen imstande sein wird.

Dieser leider noch zu wenig anerkannten Forderung in den Kreisen der Industrie Geltung zu verschaffen, scheint mir eine dankenswerte Aufgabe für den Ausschuß des Vereins deutscher Ingenieure für technisches Schulwesen. Reformen im Hochschulunterricht durchzuführen, wenn deren Notwendigkeit erkannt ist, dürften die Hochschullehrer selbst Manns genug sein.

Charlottenburg, Technische Hochschule
Dezember 1918.

Dr.-Ing. Gümbel.

Zweiter Teil

Bemerkungen zu ‚Theorie und Wirklichkeit bei Triebwerken und Bremsen‘ von St. Löffler.

Wie er räuspert und wie er spuckt,
Das habt Ihr ihm glücklich abgeguckt.
Schiller.

Der Darstellung der trockenen Reibung durch Herrn Löffler liegt, wie schon in meinem Gutachten erwähnt, die von de la Hire für die Reibung faseriger Stoffe aufgestellte Vorstellung zugrunde, daß man die Reibung als durch die Formänderung von aus der glatten Grundfläche vorstehenden Borsten — ‚Oberflächenzähnen‘ — erzeugt ansehen kann. Ganz in der Vorstellung de la Hires wird der Unterschied in der Größe der Haftreibung und der Gleitreibung dadurch erklärt, daß bei der Haftreibung eine Arbeit verzehrende Verbiegung der Oberflächenzähne an beiden Körpern, bei der Gleitreibung, nachdem also die Bewegung eingeleitet ist, nur an einem Körper erfolgt.

Grundsätzlich wird man der Verwendung von Bildern als Veranschaulichungsmitteln zustimmen können: man muß nur von solchen Bildern verlangen, daß sie die versuchsmäßig gewonnenen Abhängigkeiten — in diesem Fall also das Coulombsche Gesetz — wenigstens in großen Zügen zu beschreiben gestatten. Das tut aber, wie ich im dritten Teil zeige, die de la Hire-Löfflersche Verbildlichung nicht.

Keinesfalls darf das de la Hire - Löfflersche Borstenbild auf Metalle übertragen werden, wie es Herr Löffler tut. Das hat schon de la Hire nicht getan. Denn das würde zu dem Schluß führen, daß auch bei Metallen ein ähnlicher Unterschied zwischen Haft- und Gleitreibung vorhanden sein muß, wie bei organischen Stoffen, was ganz und gar nicht der Fall ist.

Folgt man der Vorstellung des Herrn Löffler, so wird man erwarten können, daß ein angestoßener auf ebener Bahn gleitender Körper allmählich infolge des Reibungswiderstandes seine Geschwindigkeit verliert und endlich — der Aufrichtung der Oberflächenzähne folgend — seine Bewegung sogar umkehrt und sich entsprechend dem Betrag der Auslenkungen der Oberflächenzähne rückwärts verschiebt. Herr Löffler konstruiert aus dieser Vorstellung eine besondere ‚Auslaufreibung‘, von der er behauptet, ‚daß sie größer sei, wie die Reibung der Bewegung‘. Will man eine besondere Auslaufreibung abspalten, so kann dieselbe doch niemals größer sein, wie die Gleitreibung. Sie ist vielmehr in der eben geschilderten Vorstellung eine veränderliche vom Wert der Gleitreibung während der Bewegungsumkehr auf Null abnehmende Kraft.

Die Erscheinungen der rollenden Reibung bindet Herr Löffler an die beschriebene Darstellung der Oberflächen als glatter von Oberflächenzähnen besetzter Flächen. Findet das Rollen lediglich unter dem Einfluß von ‚normal gerichteten Kräften‘ statt, so tritt der Einfluß dieser Oberflächenzähne zurück. Es ist lediglich die Arbeit der durch die normal gerichteten Kräfte bedingten Formänderung aufzuwenden, die, wenn man den auch in diesem Fall vorhandenen Schlupf, also die veränderte Winkelgeschwindigkeit berücksichtigt, durch ein an der Rolle angreifendes Kräftepaar — in einfachster Weise ausgedrückt durch Normalkraft mal Wälzarm — dargestellt werden kann. Herr Löffler schließt aber Schlupf in diesem Fall ausdrücklich aus: der von ihm aus der Formänderungsarbeit errechnete Wälzarm gibt hiernach ein unrichtiges Bild.

Neben dem normal gerichteten Wälzen unterscheidet Herr Löffler das tangential gerichtete Wälzen, bei welchem neben der Normalkraft noch eine Tangentialkraft zu übertragen ist. ‚Die Kraftübertragung von einer Rolle auf die zweite Rolle erfolgt durch mikroskopisch kleine Zähne, die durch den Normaldruck in Eingriff gebracht werden‘.

Für die Bewegung sind nun nach Herrn Löffler neben der Nutzarbeit zwei Arbeitsbeträge aufzuwenden.

1. Die bei dem normalen Wälzen aufzuwendende Formänderungsarbeit,

2. die Arbeit der Formänderung der Oberflächenzähne unter dem Einfluß der Tangentialkraft. ‚Diese kann ein Vielfaches der durch die Normaldrucke hervorgerufenen Formänderungsarbeit sein.‘

Die Gesamtformänderungsarbeiten faßt Herr Löffler zusammen und stellt sie durch ein der Bewegung entgegengesetzt gerichtetes Kräftepaar in der Form Normaldruck mal Wälzarm dar.

Während bei normal gerichtetem Wälzen ein Schlupf ausdrücklich ausgeschlossen wird, tritt nach Herrn Löffler bei tangential gerichtetem Wälzen unter Umständen dadurch ein Schlupf ein, daß ‚während eines kleinen Augenblicks die mikroskopisch kleinen Oberflächenzähne durch die Tangentialkraft soweit abgebogen werden, daß die Zähne übereinander weg gleiten, im nächsten Augenblick jedoch festere Zähne ineinander greifen, so daß wieder reines Abwälzen ohne Gleiten erfolgt.‘ Diese von Herrn Löffler in seinem Buch einzig und allein gegebene Darstellung des Schlupfes als eines unterbrochenen Gleitens ist in der Zwischenzeit von ihm wohl als unrichtig erkannt worden. Denn in seiner Entgegnung ist die folgende Erklärung des Schlupfes gegeben: ‚Der getriebene Rollkörper wird entsprechend der tangentialen Formänderung an der Berührungsstelle zurückbleiben, bei zwei Walzen wird also die getriebene Walze eine entsprechend kleinere Geschwindigkeit besitzen. Sie zeigt einen gewissen Schlupf (Formänderungsschlupf) in der Bewegung gegenüber der treibenden Walze, der aber in der Regel geringfügig ist, weil die tangentiale Durchbiegung der kleinen Unebenheiten an der Kraftübertragungsstelle meist sehr klein ist‘. Neben diesem — also in der Entgegnung neu auftauchenden — Formänderungsschlupf kennt dann Herr Löffler noch den in der früheren Weise erklärten Gleitschlupf.

Wenn auch das Wesen des Schlupfes in der Entgegnung noch immer unrichtig wiedergegeben ist, und die Bemerkung, ‚daß dieser Schlupf in der Regel geringfügig ist‘, sich mit der früheren Behauptung, daß ‚die tangentiale Formänderungsarbeit ein Vielfaches der durch die Normaldrucke hervorgerufenen Formänderungsarbeit‘ sein kann, nicht gut decken läßt, so bedeutet doch die jetzt gegebene Erklärung des Schlupfes, als durch Formänderungen bedingt, einen grundsätzlichen Fortschritt, ‚etwas wesentlich Neues gegenüber dem Inhalt des Buches‘, was ehrlicherweise in der Entgegnung hätte erwähnt werden müssen. Statt dessen wird der ‚Formänderungsschlupf‘ in der Entgegnung in solchem Zusammenhang eingeführt, daß der Leser glauben muß, es handele sich dabei um ein Ergebnis des zur Beurteilung stehenden Buches. Ganz grob treibt Herr Riedler diese Irreführung in der Darstellung, welche er über den Inhalt des Löfflerschen Buches gibt.

Aber selbst diese Vorstellung über das Wesen des Schlupfes ist noch immer unrichtig. Herr Löffler schreibt: ‚der Schlupf ist doch nichts anderes, als der Unterschied der Geschwindigkeit an der Kraftübertragungsstelle der beiden Walzen. Es kann sich daher nur um einen Unterschied der Bewegung an beiden Walzen in tangentialer Richtung an der gemeinsamen Berührungsstelle handeln‘. Nein, der Formänderungsschlupf ist nicht mit einer gegenseitigen Bewegung der Walzen an der Berührungsstelle verbunden, sondern er wird dadurch erzeugt, daß die Rollen in gestrecktem oder gestauchtem Zustand sich aneinander ohne gegenseitige Verschiebung abwälzen.

Die Tatsache, daß Herr Löffler in seiner Entgegnung sich genötigt gesehen hat, einen Formänderungsschlupf neben den Gleitschlupf einzuführen, beweist die Berechtigung der Frage meines Gutachtens, wieweit denn die Einzelursachen des beobachteten höheren Arbeitsverlustes von Triebrädern von Automobilen — wieweit Gleitung, wieweit Schlüpfung? — bei ihm geklärt seien. Ist aber die Frage des Schlupfes oder der Gleitung, also der Winkelgeschwindigkeit der Rollen nicht geklärt, so ist die Umwandlung von Arbeitsgrößen in Kräftepaare selbstverständlich undurchführbar und unzulässig. Noch unmöglicher erscheint die Darstellung des Kräftepaares als einer aus dem Unterstützungspunkt je nach dem Vorzeichen des Kräftepaares nach rechts oder links verschobenen Einzelkraft. Wenn erst eine solche Darstellungsart als zulässig anerkannt wird, können wir den Begriff der wissenschaftlichen Behandlung unserer Ingenieurprobleme als erledigt ansehen. Darüber täuscht auch nicht die Bemerkung hinweg, daß die Beurteiler die Dinge statisch betrachtet hätten, die dynamisch aufzufassen waren. Die Beurteiler haben die Dinge so aufgefaßt, wie sie ausgedrückt waren.

Richtig erscheint die Anbringung von Einzelkräften in der Berührungsfläche der aneinander sich abwälzenden Körper nur, wenn man sie als Resultierende der in der Berührungsfläche wirkenden Spannungen auffaßt. Die Richtung der Kräfte hängt von der Form der Berührungsfläche ab. Die Zerlegung der Kräfte in Richtung der Zentrale und senkrecht dazu ist willkürlich und verleitet zu unrichtigen Schlußfolgerungen, wie z. B. zu dem Löfflerschen Satz, daß bei absolut glatter Berührungsfläche ein Abrollen unmöglich ist. Dieser Satz ist nur richtig, solange beide Rollen, oder bei Berührung von Rolle und Ebene, die Rolle sich deformieren. Kann eine Rolle im Vergleich zu dem zweiten Körper als starr angesehen werden, so braucht an der starren Rolle eine Umfangskraft nicht aufzutreten: die in Drehung befindliche Rolle bleibt in Drehung und rollt solange, bis die lebendige Kraft der Rollenmasse durch die Arbeit der widerstehenden Kraft der Unterlage aufgezehrt ist.

Die Betrachtungsart des Herrn Löffler läuft praktisch darauf hinaus, zu erklären: Jeder Wälztrieb bedingt einen Arbeitsverlust, dessen Größe im Einzelfall durch den Versuch zu bestimmen ist. Hätte sich Herr Löffler auf diesen Satz beschränkt, so könnte man ihm in der Betonung, daß Versuche an ausgeführten Objekten wichtig und wünschenswert sind, beistimmen. Die Feststellung hätte zwar keinen unmittelbaren Fortschritt gebracht, ihn aber vielleicht angeregt.

Alles, was aber in Herrn Löfflers Buch und Entgegnung über die eben gesagte, allerdings selbstverständliche Feststellung hinausgeht, ist unrichtig, ohne genügende Kenntnis und Würdigung der Vorarbeiten und im Widerspruch mit elementaren Regeln der Mechanik niedergeschrieben. Nach dieser Richtung ist also auch in der Entgegnung seit 1912 keine Besserung zu bemerken.

Was z. B. in der Entgegnung über die angeblich von mir behauptete Möglichkeit verlustlosen Rollens einer starren Rolle auf weicher Ebene, oder gar über die angebliche Verletzung des Energieprinzips gesagt ist, kann nur — wenn ich bösen Willen, der nur auf Täuschung eines urteilslosen Leserkreises ausgeht, ausschalte — in solcher Weise erklärt werden.

Auf die weiteren Bemerkungen des Herrn Löffler zu meinem Gutachten einzugehen, kann ich mir daher versagen. Daß eine Arbeit auf Grundlagen, wie den besprochenen, aufbauend, in Anwendung auf den wesentlich komplizierteren Riemen-, Seil- oder Zahntrieb keine richtigen Ergebnisse liefern kann, ist wohl klar. Ich empfehle Herrn Löffler zu etwas bescheidenerer Würdigung seiner eigenen Arbeiten und um sich zu belehren, was ernste, wissenschaftliche Arbeit bedeutet, die im letzten Jahr erschienene Arbeit von Stiel über Riementriebe*) zu studieren.

---

*) Dr. Ing. W. Stiel, Theorie des Riementriebs 1918.

Dritter Teil

Über die unmittelbare Reibung fester Körper.

Allgemeines.

Zwei feste Körper können sich bei unmittelbarer Berührung gegeneinander bewegen, indem sie entweder aneinander gleiten oder sich aneinander abwälzen, aufeinander rollen. In beiden Fällen entsteht Reibung. Entsprechend den eben genannten Bewegungen unterscheidet man zwischen Gleitreibung und Rollreibung.

Unter Reibung allgemein, Gleitreibung im besondern, versteht man die in der Berührungsfläche zweier Körper bei der Bewegung eines Körpers gegenüber seinem Gegenkörper auftretende, der Bewegung entgegengesetzte, also Arbeit verzehrende Kraft. Unter Rollreibung versteht man dann in Übereinstimmung mit dieser Definition die im Berührungspunkt der sich aneinander abwälzenden Körper an der treibenden Rolle im nicht deformierten Zustand wirkend gedachte, der Wälzbewegung entgegengesetzt gerichtete, Arbeit verzehrende Tangentialkraft.

Die durch die Reibung verzehrte Arbeit berechnet sich bei der Gleitreibung als Produkt aus Kraft und gegenseitiger Verschiebung der beiden aufeinander gleitenden Körper, bei der Rollreibung muß darauf Rücksicht genommen werden, daß die Verschiebung des angenommenen Angriffspunkts der Kraft nicht mit der tatsächlichen durch die Formänderungen bedingten zusammenfällt, oder mit anderen Worten, daß die tatsächliche Winkelgeschwindigkeit des Arbeit verzehrenden Momentes der Rollreibung mit der Winkelgeschwindigkeit der nicht deformierten Körper nicht übereinstimmt. Aus diesem Grunde verbietet es sich auch, aus dem gemessenen Arbeitsverbrauch und den geometrischen Abmessungen des Rolltriebes auf die Größe der Rollreibung oder aus der Messung des Momentes der Rollreibung und den geometrischen Abmessungen des Rolltriebes auf den Arbeitsverbrauch zu schließen. Es müssen vielmehr Rollreibung und tatsächlicher Rollweg bekannt sein, um das Problem der Rollreibung vollkommen zu lösen.

Die Gleitreibung. Die Vorstellungen von de la Hire, Coulomb und Leslie.

Die unmittelbare Reibung fester Körper, und zwar sowohl die Gleitreibung wie die Rollreibung, sind elastische Probleme. Die Gleitreibung wurde schon früh als ein solches erkannt. De la Hire*) (1699) erklärt aus seinen Versuchen die Reibung hervorgebracht durch das Ineinandergreifen von Unebenheiten der Berührungsflächen, welche er sich in der Form kleiner elastischer Federn vorstellt, die sich bei der gleitenden Bewegung biegen und niederlegen müssen, oder in der Form harter unbiegsamer Unebenheiten, über die der gleitende Körper weggehoben werden muß. Coulomb schließt sich bei der Erklärung seiner grundlegenden Versuche der de la Hireschen Vorstellung im wesentlichen an, indem er annimmt, ‚daß die Oberfläche der Hölzer mit kleinen, elastisch-biegsamen Fasern bedeckt ist, welche borstenartig vorstehen und sich nach jeder Richtung gleichmäßig biegen lassen, während die Oberflächen der Metalle aus eckigen und sphärischen Unebenheiten bestehen, die an sich hart und unbiegsam ihre Gestalt auf keine Weise ändern können, mit welcher Kraft man auch auf sie einwirken möge‘. ‚Wird Holz mit Holz in Berührung gebracht, so senken sich die Fasern der einen Fläche auf ähnliche Weise zwischen die der andern Fläche ein, als wenn zwei Bürsten mit den haarigen Seiten zusammengedrückt werden, und weil der Widerstand gegen Bewegung mit der Größe der Einsenkung wächst, letztere aber bei der gleichen Richtung der Fasern in wenigen Minuten ihre Grenze erreichen wird, so muß auch der Widerstand bald zum Maximum gelangen. Sind aber die Körper in Bewegung übergegangen, so findet ein solches Einsenken der Fasern nicht mehr statt; sie biegen sich vielmehr so lange, bis sie unmittelbar aufeinander liegen und so einen beträchtlich geringeren Widerstand verursachen, als im Zustand der Ruhe. Und da diese Lage der Fasern bei gleichbleibendem Druck sich während der Dauer der Bewegung nicht ändern kann, so wird auch der Widerstand unverändert bleiben, folglich unabhängig von der

---

*) Nach Brix, Über die Reibung 1850.

Geschwindigkeit sein'. ‚Bei den Metallen, welche nicht mit flexiblen Fasern bedeckt sind, sondern mit harten, unbiegsamen Erhabenheiten, kann eben deshalb keine Änderung in der Größe des Reibungswiderstandes eintreten. Letzterer muß also stets derselbe bleiben, sowohl für den Zustand der Ruhe, als für den der Bewegung, weil in beiden Zuständen jene Erhabenheiten, durch deren Ineinandergreifen der Widerstand erzeugt wird, ihre ursprüngliche Form unverändert beibehalten'*).

Der ersterwähnten Vorstellung des borstenartigen Charakters organischer Stoffe wird man sich zunächst bis zu einem gewissen Grad anschließen können: die zweite Vorstellung führt zu der Folgerung, daß, wenn die beiden Körper am gegenseitigen Ausweichen verhindert sind, eine Verschiebung überhaupt nicht, oder erst dann eintreten kann, wenn die Vorsprünge abgeschoren werden. Man kann diese Schwierigkeit beseitigen, indem man von der Starrheit der Vorsprünge abgeht und mit John Leslie*) annimmt, daß diese Vorsprünge — deren Höhenabmessungen, im Gegensatz zu den sich abbiegenden Borsten, als klein gegen die Breitenabmessungen angesehen werden müssen — sich elastisch zusammen- und in die ebenfalls elastische Grundmasse eindrükken. Die beiden gegeneinander verschobenen Körper passen sich also in ihren Unebenheiten infolge ihrer elastischen Eigenschaften einander an. ‚Der bewegte Körper verhält sich ebenso, als würde er unablässig über ein System von schiefen Ebenen fortgezogen, welches System jedoch in abwechselnder Aufeinanderfolge stets wandelbar ist. Die Reibung entsteht nun so, daß der Körper unaufhörliche, jedoch erfolglose Anstrengungen zu steigen macht; denn in demselben Augenblick, wo er den Gipfel der Vorragungen erreicht hat, sinken diese unter ihm nieder und die angrenzenden Vertiefungen steigen als Erhöhungen empor, eine neue Reihe von Widerständen bildend, die abermals zu übersteigen sind'.

Die Übereinstimmung dieser Vorstellungen mit dem wirklichen Verhalten der Stoffe muß durch die Möglichkeit, die aus anerkannten Versuchen gewonnenen Meßergebnisse zu erklären. nachgewiesen werden.

Solche Meßergebnisse liegen in den Coulombschen Versuchen vor. Coulomb leitete aus seinen Versuchen für trockene, sich gegenseitig verschiebende Körper das folgende Gesetz ab:

---

*) Aus Brix, Über die Reibung 1850, S. 20—23.

$$W = N\mu \,, \tag{1}$$

d. h. der Verschiebungswiderstand W ist dem Normaldruck N proportional, also insbesondere unabhängig von der Größe der berührenden Flächen, also dem spezifischen Flächendruck und der Verschiebungsgeschwindigkeit.

Ferner fand Coulomb, daß insbesondere bei organischen Stoffen der Verschiebungswiderstand aus der Ruhe größer war als während der Bewegung und um so größer, je längere Zeit die Körper miteinander in Berührung gestanden hatten.

Prüfen wir also zunächst, wie weit die de la Hiresche Vorstellung bei der Reibung organischer Stoffe das Coulombsche Gesetz befriedigen kann. Brix sieht in der Tat das Coulombsche Gesetz als durch die de la Hiresche Borstenwirkung befriedigt an. Er folgert: ‚Die Biegung jeder Feder, sonach auch ihr Widerstand, verhält sich umgekehrt, wie die Anzahl der Federn. Ebenso verhält sich die Normalkraft, welche an einer Feder angreift, umgekehrt wie die Anzahl der Federn. Folglich ist auch der gesamte Verschiebungswiderstand für jede beliebige Anzahl von Federn, d. h. für beliebige Größe der Berührungsfläche, bei gegebener Normalkraft gleich‘. Diese Schlußfolgerung würde aber meines Erachtens nur dann richtig sein, wenn das Verhältnis von Widerstandskraft und Normalkraft für jede beliebige Durchbiegung einer Feder das gleiche wäre: das braucht aber ganz und gar nicht der Fall zu sein, so daß die Vorstellung der Erzeugung der Reibung durch Abbiegung von Borsten, Federn oder zahnartigen Vorsprüngen selbst für organische Stoffe nicht aufrecht zu erhalten sein dürfte.

Hinzu kommt noch, daß die Betrachtung organischer Stoffe unter dem Mikroskop die angenommene Oberflächenbeschaffenheit gar nicht nachweist. Ein organischer Stoff zeigt in seiner Schnittfläche aneinander anschließende Zellen, aber, von besonderen Fällen abgesehen, keineswegs den Charakter borstenförmiger Gebilde. Von Metallen unterscheiden sich die organischen Stoffe überhaupt nur insofern, als die organischen Stoffe weniger homogen sind und bestimmte Struktur in der Zusammensetzung härterer und weicherer Bestandteile zeigen, stets auch, selbst bei größter Lufttrockenheit, mit Flüssigkeit — Wasser oder Fetten — durchsetzt sind, welche die Reibungswiderstände naturgemäß zu beeinflussen imstande sind.

Dagegen gelangen wir zwanglos zum Coulombschen Gesetz, wenn wir, die Auffassung von Leslie erweiternd, die Reibungsarbeit als Verdrängungsarbeit der aus der elastischen Grundmasse hervortretenden elastischen Unebenheiten auffassen.

Neue Vorstellungen.

Denken wir uns die Flächen mit einer sehr großen Zahl von Vorsprüngen bedeckt, so wird die Zahl der bei der Berührung aneinander anliegenden Vorsprünge vom Normaldruck abhängig sein. Bei druckloser Berührung wird nur Berührung in drei Punkten möglich sein, bei entsprechend großem Normaldruck werden sämtliche Vorsprünge miteinander in Berührung kommen. Welches auch immer das Gesetz ist, welches den Normaldruck N mit der Zahl n der Berührungsstellen verbindet, in erster Annäherung werden wir n proportional N annehmen dürfen, also $n = aN$. Bedeutet nun w den Widerstand, welcher sich im Mittel der Verdrängung einer Unebenheit entgegensetzt, so ist der Gesamtverschiebungswiderstand $W = wn$, sonach

$$W = w\alpha N = uN. \tag{2}$$

Eine zweite Vorstellung führt, wenigstens für Metalle, zum gleichen Ziel. Wie immer die Rauhigkeiten metallischer Oberflächen gestaltet sein mögen, wir können uns die äußersten Vorsprünge derselben immer in der Form von Pyramiden oder Kegeln vorstellen (Abb. 4). Nehmen wir an, daß die Grundfläche einer Pyramide von der Höhe a gleich $C_1 a^2$,

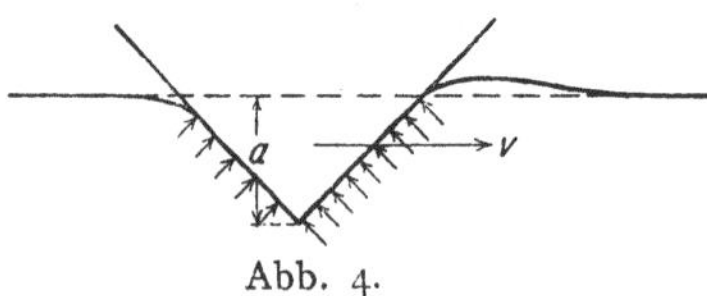

Abb. 4.

die Projektion der Pyramide senkrecht zur Bewegungsrichtung gleich $C_2 a^2$ ist, so beträgt der bei einer Eindringung mit der Tiefe a in einen gleichmäßigen Widerstand bietenden Stoff bei n Pyramiden entgegenwirkende Normaldruck $N = nC_1 a^2 p$.

Der einer Verschiebung entgegenstehende Widerstand beträgt $W = nC_2 a^2 \beta p$. Das Verhältnis $W : N$ ist hiernach konstant

$$= \frac{C_2 \beta}{C_1} = \mu.$$

p ist dabei der Druck, welcher sich der normalen Verschiebung, βp der Druckunterschied, welcher sich infolge der inneren Reibung und elastischen Nachwirkung der tangentialen Verschiebung der Vorsprünge entgegensetzt.

Bei der Vorstellung, daß die Reibungsarbeit nichts anderes ist, als Verdrängungsarbeit, ist es nicht einmal erforderlich, von vornherein Unebenheiten der Oberflächen anzunehmen: die Tatsache, daß jedes Material unhomogen ist, genügt zur Erklärung, indem die Unebenheiten infolge der verschiedenen Härten der einander berührenden Teilchen unter der Wirkung des Normaldruckes ganz von selbst entstehen.

Hiernach ist für die Reibung im wesentlichen die Art der aufeinander gleitenden Materialien maßgebend. Der Bearbeitungszustand kommt solange nicht in Frage, als die Unebenheiten nicht solche Größe annehmen, daß sie bei einem freibeweglichen gleitenden Körper die Schwerpunktslage zu ändern imstande sind. Im allgemeinen wird das Vorhandensein einer sehr großen Zahl von ungleichmäßig verteilten, von der Bearbeitung herrührenden Vorsprüngen auf die Schwerpunktslage keinen Einfluß ausüben, die Größe dieser Vorsprünge sonach die Reibungszahl μ der trockenen Reibung nicht beeinflussen. Dagegen spielt die Form der Unebenheiten insofern eine Rolle, als bei zu steil gestellten Flanken Sperrung eintritt, welche nicht mehr durch elastische Deformation der Unebenheiten aufgehoben werden kann.

Prüfen wir nunmehr unsere Vorstellung an der zweiten Beobachtung Coulombs, daß der Verschiebungswiderstand aus der Ruhe insbesondere für organische Stoffe größer, als während der Bewegung und auch von der vorangegangenen Berührungszeit abhängig ist.

Wird eine Metallfläche mit einem organischen Stoff in Berührung gebracht, so werden sich die Bestandteile des organischen Stoffes in die Unebenheiten der Metallfläche in gänzlich unregelmäßiger und unbestimmbarer Weise einlagern (Abb. 5).

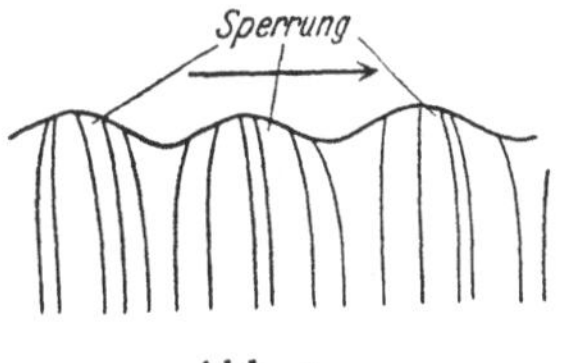

Abb. 5.

Die Härteadern des organischen Stoffes werden zum Teil in die Bewegungsrichtung, zum Teil entgegengesetzt der Bewegungsrichtung gedrängt werden. Die letzteren rufen also im System, wenn sie die Hohlräume völlig ausfüllen, eine Sperrung hervor, die nur durch elastisches Hinabdrücken in die Grundmasse oder durch unelastisches Abscheren überwunden werden kann. Diesen Sperrkräften entsprechend ist beim Übergang von der Ruhe zur Bewegung ein größerer Widerstand zu überwinden, als während der folgenden Bewegung. Bei der Berührung metallischer Flächen ist eine solche Widerstandsvermehrung nicht oder jedenfalls nur in bedeutend geringerem Maße zu erwarten, soweit eben die zufällige Form der Vorsprünge oder eingelagerte Fremdkörper Sperrung hervorbringen.

Bei Berührung organischer Stoffe untereinander oder mit Metallflächen wird, da organische Stoffe starke innere Reibung besitzen, die gegenseitige Anpassung, also auch die Sperrung um so größer werden, je länger die Berührung stattgefunden hat.

Unsere Vorstellung ist also in der Lage, auch die zweite von Coulomb geschilderte Beobachtung zu erklären. Von der Reibung während der Bewegung, der Gleitreibung, unterscheiden wir die Reibung aus der Ruhe, die Haftreibung.

Die ritzende Reibung.

Wir werden sehen, daß wir mit unserer Vorstellung imstande sind, auch noch weiter die von anderen Beobachtern festgestellte Abhängigkeit der Reibung vom Flächendruck zu erklären.

Die Reibungszahl μ ist nach unserer Vorstellung von der Größe der bei der Verschiebung aufzuwendenden Formänderungsarbeit abhängig. Solange die Formänderung rein elastisch vor sich geht, bleibt die Reibungszahl μ konstant. Wird der Flächendruck an einem Vorsprung so groß, daß die Festigkeitsgrenze des weicheren Materials überschritten wird, so erfolgt unelastische Verdrängung des Materials, also Ritzen. Da nicht alle Vorsprünge gleich hoch sind und die Verteilung der Vorsprünge in den Flächen unregelmäßig ist, so wird im allgemeinen ein Teil der Vorsprünge in elastischer, der Rest in unelastischer Berührung stehen. Wird der Druck genügend gesteigert, so werden endlich sämtliche Zacken in die Gegenfläche unelastisch eindringen: die dann auftretende Reibungskraft folgt, solange das durch das Ritzen verdrängte Material, begünstigt durch die Reibungswärme und die Sperrwirkung beim Einlagern in die Unebenheiten, sich nicht mit einer der reibenden Flächen metallisch verbindet, wiederum dem Coulombschen Gesetz, natürlich mit einer der unelastischen Verdrängung entsprechenden, höheren Reibungszahl.

Die Versuche von Rennie zeigen in der Tat, daß bis zu einem gewissen Flächendruck das Coulombsche Gesetz mit unveränderlicher Reibungszahl μ_1 gültig ist, daß mit gesteigertem

Flächendruck — mit wachsender Zahl der ritzenden Vorsprünge — die Reibungszahl wächst und sich asymptotisch einem höheren Grenzwert μ_2 nähert. Wir wollen den ersten Zustand als den der trockenen Reibung, den zweiten Zustand als den der ritzenden Reibung bezeichnen.

Der Zwischenzustand zwischen den beiden Grenzzuständen läßt sich auf Grund der gegebenen Vorstellung, wie folgt, erfassen. Denken wir uns den Druck p pro Flächeneinheit aufgenommen durch p_1 elastisch und p_2 unelastisch, so daß

$$p = p_1 + p_2, \qquad (3)$$

so ist der Verschiebungswiderstand w pro Flächeneinheit

$$w = \mu_1 p_1 + \mu_2 p_2, \qquad (4)$$

wo μ_1 die Reibungszahl der trockenen Reibung, μ_2 die Reibungszahl der ritzenden Reibung ist. Damit folgt

$$\mu = \frac{w}{p} = \frac{\mu_1 p_1 + \mu_2 p_2}{p} = \mu_2 - (\mu_2 - \mu_1)\frac{p_1}{p}. \qquad (5)$$

Zahlentafel I.

$p\,\mathrm{kg/cm^2}$	Gußeisen auf Schweißeisen $p_1 = 8{,}79\ \mathrm{kg/cm^2}$ $\mu_1 = 0{,}174\ \mu_2 = 0{,}455$		Messing auf Gußeisen $p_1 = 8{,}79\ \mathrm{kg/cm^2}$ $\mu_1 = 0{,}157\ \mu_2 = 0{,}254$	
	μ gemessen	μ berechnet	μ gemessen	μ berechnet
8,79	0,174	0,174	0,157	0,157
13,08	0,275	0,267	0,225	0,189
15,75	0,292	0,299	0,219	0,200
18,28	0,321	0,320	0,214	0,207
20,95	0,329	0,338	0,211	0,213
23,62	0,333	0,351	0,215	0,218
26,22	0,351	0,361	0,206	0,221
27,42	0,363	0,364	0,205	0,223
31,50	0,365	0,376	0,208	0,227
34,10	0,366	0,383	0,221	0,229
36,77	0,366	0,389	0,223	0,231
39,37	0,367	0,393	0,233	0,232
42,18	0,367	0,396	0,234	0,234
44,58	0,367	0,399	0,235	0,235
47,25	0,376	0,403	0,233	0,236
49,92	0,434	0,406	0,234	0,237
55,12	—	—	0,232	0,239
57,65	—	—	0,273	0,240
∞	—	0,455	—	0,254

In der vorstehenden Zahlentafel sind die Messungen Rennies (nach dem Taschenbuch der Hütte 1908) für Reibung von Gußeisen auf Schweißeisen und von Messing auf Gußeisen neben den aus

Gleichung 5 ermittelten Reibungszahlen niedergelegt. Die Ergebnisse sind den Voraussetzungen entsprechend nur qualitativer Natur.

Die hier entwickelten Vorstellungen sollen den Gleitvorgang nicht etwa zahlenmäßig beschreiben, sondern nur die Beobachtungsergebnisse dem Verständnis näher bringen. Sie bleiben vorläufig nur Bilder, deren Anwendung mit Vorsicht zu geschehen hat und stets durch Vergleich mit der Beobachtung von neuem auf ihre Berechtigung nachgeprüft werden muß.

Der Einfluß adsorbierter Flüssigkeiten.

Im vorhergehenden und in der Überschrift unserer Untersuchung haben wir stets von unmittelbarer Berührung der aufeinander gleitenden Körper gesprochen. Bei solcher sollte man ohne weiteres, wenigstens bei legierenden Metallen, eine Verbindung der Körper erwarten. Tatsächlich ist aber eine unmittelbare Berührung fester Körper beim Gleitvorgang gar nicht vorhanden. Jeder feste Körper bindet in Berührung mit Flüssigkeiten — tropfbaren, gas- oder dampfförmigen — diese durch Adsorption in so hohem Maße, daß bei Annäherung eines zweiten festen Körpers die Körper durch die adsorbierte Gas- oder Flüssigkeitsschicht getrennt bleiben*). Die Adsorptionskraft fester Körper ist so groß, daß die Dichtigkeit einer adsorbierten Gasschicht, nach außen allerdings rasch abnehmend, in der an dem festen Körper anliegenden Molekularschicht dem spezifischem Gewicht des festen Körpers entspricht. Die Dichtigkeit der adsorbierten Gas- oder Dampfschicht kann durch Erwärmung oder Luftverdünnung verringert werden. Eine völlige Zerstörung der adsorbierten Schicht gelingt aber nach Winkelmann selbst durch weitest getriebene Luftverdünnung nicht und z. B. bei Glas erst durch Erwärmung auf etwa 500° C. Man kann sich dies leicht aus der Größe der molekularen Anziehungskräfte im Vergleich zum atmosphärischen Druck erklären. Im allgemeinen wird die Wirkung der Adsorption gegenüber den Einflüssen der Rauhigkeit der Oberflächen zurücktreten. Wenn die festen Körper sehr glatt sind, also die Vorsprünge von der Größenordnung der Dicke der adsorbierten Gasschicht werden, wird die Wirkung sich in der Weise zeigen, daß für die Reibung nicht die Gesetze der trockenen, sondern die Gesetze der flüssigen oder halbflüssigen Reibung Gültigkeit erhalten.

*) Landsberg, Pogg. Ann. 1864.

Die flüssige Reibung.

Der Einfluß der flüssigen Reibung macht sich auch sonst bei vielen technischen Reibungsversuchen, insbesondere mit organischen Stoffen, bemerkbar in dem Sinne, daß die Reibung nicht, wie es von dem Coulombschen Gesetz gefordert wird, unabhängig von der Gleitgeschwindigkeit ist, sondern mit der Gleitgeschwindigkeit sich ändert. Ohne die Frage entscheiden zu wollen, ob nicht auch der Reibungswiderstand der trockenen Reibung, als durch die innere Reibung und elastische Nachwirkung bedingt, von der Gleitgeschwindigkeit abhängig ist, kann doch wohl der Satz ausgesprochen werden, daß die bei technischen Versuchen mehrfach beobachtete Abhängigkeit des Gleitwiderstandes von der Gleitgeschwindigkeit durch die Wirkung der flüssigen Reibung verursacht gewesen ist. Insbesondere bei niedrigen Flächendrücken wird bei genügend hohen Gleitgeschwindigkeiten die Möglichkeit der Bildung von Flüssigkeitsschmierschichten — seien es Luft, Wasser oder Fette — zwischen den gleitenden Flächen, welche einen Teil des Normaldrucks aufnehmen und damit die Reibung verringern, nicht von der Hand zu weisen sein, zumal da die zur Druckerzeugung erforderlichen Abrundungen an den Eintrittskanten der ebenen Flächen oder sonstige Möglichkeiten, daß sich keilförmige, also druckübertragende Flüssigkeitsschichten ausbilden, bei technischen Versuchen wohl immer vorhanden sind. Bei organischen Stoffen insbesondere, welche stets, wie oben schon hervorgehoben, mit Wasser oder Fetten durchsetzt sind, kann die Flüssigkeitsreibung von ausschlaggebendem Einfluß sein und, wie z. B. bei gering belasteten Riemen, die Wirkung der trockenen Reibung ganz zurücktreten lassen und zu Reibungszahlen führen, welche die für die trockene Reibung beobachteten um ein Mehrfaches übertreffen.

Die Versuche von Charlotte Jacob.[*]

Auch die Versuche von Charlotte Jacob glaube ich in der in den beiden letzten Abschnitten gekennzeichneten Weise deuten zu dürfen.

---

[*] Charlotte Jacob: »Über gleitende Reibung«. Inaugural-Dissertation. Königsberg 1911.

Für die Technik kommen in erster Linie die Versuche mit einer auf einer polierten Messingschiene gleitenden, polierten Messingplatte von 5,5 cm Länge und 1,97 cm Breite in Frage, welche mit Gleitgeschwindigkeiten bis zu etwa 3 mm pro Sekunde bei einer Flächenbelastung von 8,5 bis 8,37 g/cm² durchgeführt wurden. Dabei ergab sich der Reibungswiderstand etwa proportional der 16. Wurzel aus der Geschwindigkeit. Ch. Jacob führt auch Versuche von Coulomb an, welche dieser mit Eisenplatten von 340 cm² Berührungsfläche auf Holz bei 78 g/cm² Belastung durchgeführt hat, und wobei die Reibungszahl sich etwa proportional der 4. Wurzel aus der Gleitgeschwindigkeit ergeben hat, ferner solche mit Kupferplatten von 340 cm² Berührungsfläche bei 73,5 g/cm² Berührungsdruck, bei welchen die Reibungszahl etwa proportional der 8. Wurzel aus der Geschwindigkeit gemessen wurde. Es muß als ein Verdienst von Ch. Jacob angesprochen werden, auf diese in der Technik vergessenen Versuche Coulombs hingewiesen zu haben.

Die Versuchsergebnisse von Ch. Jacob und Coulomb weisen auf den Einfluß von Flüssigkeit als eines beide festen Flächen trennenden Schmiermittels hin. Ein solcher Einfluß ist, solange der Druck genügend niedrig ist, bei Berührung polierter Metalle durch die infolge der gebrochenen Eintrittskanten des Gleitstückes gebildete Luftschmierschicht, bei Berührung von Metallen mit Holz durch die in den Holzporen eingeschlossene Flüssigkeit erklärbar.

Bei den weiteren Versuchen von Ch. Jacob mit Glas unter dem Rezipienten einer Luftpumpe hat sich eine ganz ähnliche Abhängigkeit der Reibungszahl von der Geschwindigkeit ergeben: ich zögere nicht, auch diese Abhängigkeit mit dem Vorhandensein einer Flüssigkeitsschicht — in diesem Fall der adsorbierten weder durch Erwärmung noch Luftverdünnung völlig vertreibbaren Flüssigkeits-, Gas- oder Luftschicht — zu erklären.*)

Gegen diese Erklärung spricht bei den Jacobschen Versuchen scheinbar nur die Unabhängigkeit der Reibungszahl vom Druck. Der Umstand aber, daß die Reibungszahl außer vom Druck und der Geschwindigkeit auch von der Zähigkeitszahl der Flüssigkeitsschicht beeinflußt wird, die ihrerseits von der augenblicklichen, der Beobachtung sich entziehenden Temperatur der Schmierschicht

---

*) Vgl. hierzu die auch von Ch. Jacob erwähnten Versuche von Charron.

abhängt, läßt unsere Erklärung der Beobachtung wohl zu, wenn man eine Zunahme der Zähigkeitszahl mit der Temperatur annimmt, die ja tatsächlich bei Gasen vorhanden ist. Auch alle anderen von Ch. Jacob beobachteten Erscheinungen — Einfluß der Erwärmung, des Feuchtigkeitsgehaltes der Luft usw. — stehen mit unserer Erklärung zum wenigsten nicht im Widerspruch.

Die Ergebnisse der Versuche lassen sich hiernach in dem Satz zusammenfassen: Bei genügend glatten Flächen und entsprechendem Flächendruck ist die Reibung zwischen festen Flächen reine Flüssigkeitsreibung der sich zwischen die Flächen schiebenden oder von den Flächen adsorbierten Flüssigkeitsschichten.

Ist aber die adsorbierte Flüssigkeitsschicht fähig, bei glatten Flächen Reibungszahlen wie die von Ch. Jacob beobachteten zu erzeugen, so wird der Einfluß der adsorbierten Flüssigkeitsschichten auch bei nicht völlig glatten Flächen nicht vernachlässigt werden dürfen, auch wenn derselbe äußerlich nicht zu erkennen ist. Dies führt zu dem Schluß, daß sich die Gleitreibung fester Körper, zum wenigsten der Metalle, nur zum Teil, wie oben ausführlich klargelegt, aus einem durch die Deformation der Vorsprünge, zum andern Teil aus einem durch die Flüssigkeitsreibung der adsorbierten Flüssigkeitsschicht bedingten Widerstand zusammensetzt.

Das Hauptergebnis der Versuche Ch. Jacobs liegt in der Erkenntnis, daß der Widerstand der Haftreibung ausschließlich durch Sperrungen bedingt ist, welche sich zwischen den gleitenden Flächen befinden, in voller Übereinstimmung mit der Erklärung, welche wir oben von dem Zustandekommen der Haftreibung gegeben haben. Der Umstand, daß alle technisch in Frage kommenden Flächen in dem Zustand ihrer Bearbeitung oder Reinigung eine unendliche Anzahl von Sperrungsmöglichkeiten besitzen, erklärt, daß die Technik mit der Haftreibung als einer in allen technischen Prozessen gegebenen Tatsache rechnen muß.

Die Rollreibung.

Die Rollreibung ist ebenso, wie die Gleitreibung, ein elastisches Problem insofern, als die Rollreibung im wesentlichen durch die Formänderung der Rolle und ihres Gegenkörpers unter dem

Einfluß der am System angreifenden äußeren Kräfte bedingt ist. Die Vorstellung, daß die Rollreibung in erster Linie ein elastisches Problem ist, hat zuerst Brix (1850) in klarer Weise ausgesprochen*) und zur Berechnung des Rollwiderstandes einer Rolle auf ebener Bahn benutzt.

Mit dem elastischen Problem der Rollreibung bleibt untrennbar das oben behandelte Problem der Haft- und Gleitreibung verbunden, insofern als die Kraftübertragung von der Rolle auf ihren Gegenkörper möglichst durch Haftreibung zu erfolgen hat, und beim Abwälzen mit der Haftreibung Gleitreibung verbunden zu sein pflegt.

Bedingung des Rollens.

Für die Behandlung der Rollreibung ist es aber durchaus nicht erforderlich, von irgendwelcher Vorstellung über das Zustandekommen der Haft- oder Gleitreibung auszugehen; im Gegenteil erscheint die Aufgabe klarer, wenn wir uns alle berührenden Flächen glatt vorstellen, jedoch so, daß ein Gleiten zwischen den sich berührenden Flächen nicht eintritt, solange nicht

$$\frac{U}{B} > \mu_0 \int_{\varphi_1}^{\varphi_2} p r \, d\varphi + \mu \int_{\varphi_2}^{\varphi_3} p r \, d\varphi + \mu \int_{\varphi_0}^{\varphi_1} p r \, d\varphi \tag{6}$$

wird, d. h. solange nicht die Umfangskraft U pro Einheit der Rollenbreite B größer wie die in der Berührungsfläche wirksame Haft und Gleitreibung ist (μ = Reibungstahl der Gleitreibung, μ_0 = Reibungszahl der Haftreibung, p = Flächendruck in φ).

Die Umfangskraft U berechnet sich aus den Gleichgewichtsbedingungen der am System angreifenden Kräfte als Reaktionskraft zwischen der Rolle und dem Gegenkörper. Die oben angeschriebene Bedingung (Gl. 6) dient nicht zur Bestimmung von U, sondern nur zur Kontrolle, ob bei den am System wirkenden Kräften ein ordnungsmäßiger Rollbetrieb überhaupt möglich ist. Dieser schließt sich aus, sobald der Bogen, auf welchem Haftreibung (μ_0) stattfindet, gleich Null wird. Als Betriebsgrenzbelastung gilt daher die Bedingung

---

*) B r i x: Über die Reibung und den Widerstand der Fuhrwerke auf Straßen, Berlin 1850.

$$\frac{U}{B} < \mu \int\limits_{\varphi_0}^{\varphi_3} p\, r\, d\varphi \, . \tag{7}$$

Wird dieser Wert überschritten, so braucht indessen noch nicht ohne weiteres Gleiten in der ganzen Berührungsfläche einzutreten. Dieses tritt erst ein, wenn die Bedingung der Gleich. 6 überschritten wird. Da aber stets, wie wir noch sehen werden, an einem Teil der Berührungsfläche Gleiten vorhanden ist, liefert die häufig aufgestellte Bedingung

$$\frac{U}{B} < \mu_0 \int\limits_{\varphi_0}^{\varphi_3} p\, r\, d\varphi \, , \tag{8}$$

welche aussagt, daß ein Gleiten erst eintritt, wenn die Umfangskraft größer wie die aus der Normalkraft berechnete Haftreibung wird, zu große Werte für die zulässige übertragbare Umfangskraft.

Da mit dem Gleiten stets Materialverschleiß verbunden ist, muß es Aufgabe des Konstrukteurs sein, die Kräfte und Abmessungen so zu wählen, daß die Umfangskraft den oben angegebenen Bedingungen genügt.

Formänderung durch Normalkräfte.

Die Berührung der Rolle und ihres Gegenkörpers erfolgt unter der Wirkung der Normalkräfte in einer Fläche. Die Lösung des Problems der Rollreibung setzt die Kenntnis der Kräfteverteilung in der Berührungsfläche und der Gestalt der Berührungsfläche voraus. Lassen sich die Kräfteverteilung und die Gestalt der Berührungsfläche nicht genau angeben, so muß zum wenigsten die Größe und Angriffslinie der Resultierenden der in der Berührungsfläche wirkenden Kräfte und die relative Verdrehung der Rolle und ihres Gegenkörpers infolge der Formänderung in der Berührungsstelle durch die Rechnung oder den Versuch bestimmt werden. Die relative Verdrehung der treibenden Rolle infolge der Formänderung in der Berührungsstelle gegenüber der aus den geometrischen Verhältnissen des nicht deformierten Triebes sich errechnenden Verdrehung bezeichnen wir als Schlupf. Ist a_1 der Drehwinkel der treibenden Achse bei einer Drehung

der getriebenen Achse um den Winkel 1 und α_2 der sich aus den
geometrischen Verhältnissen im nicht deformierten Zustand er-
rechnende Drehwinkel, so ist der Schlupf

$$\sigma = \frac{\alpha_1 - \alpha_2}{\alpha_2} \cdot \tag{9}$$

Bei positivem Schlupf dreht sich also das treibende Rad rascher,
als den geometrischen Verhältnissen entspricht, bei negativem
Schlupf bleibt die treibende Welle zurück.

Vom Schlupf oder der Schlüpfung streng zu unterscheiden
ist die Gleitung*). Während die Schlüpfung mit relativer Ruhe
zwischen den berührenden Teilchen von Rolle und Gegenkörper
verbunden ist, setzt die Gleitung eine relative Verschiebung
zweier anliegender Oberflächenteilchen voraus. Während anderseits Schlüpfung stets mit einer relativen Drehung der beiden
Achsen bezogen auf die geometrischen Drehwinkel des nicht de-

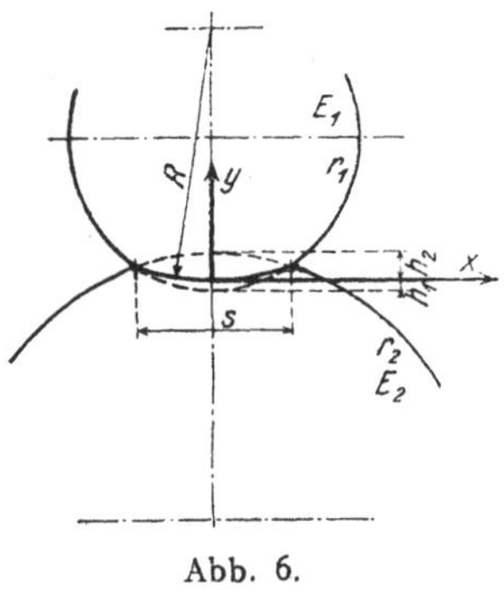

Abb. 6.

formierten Rolltriebes verbunden
ist, kann Gleitung zwischen anliegenden Oberflächenteilchen eintreten, ohne daß damit eine gegenseitige Verdrehung der beiden
Achsen erfolgt.

Werden zwei Zylinder 1 und 2
von der Breite B und den Halbmessern r_1 und r_2 längs einer Mantel-
linie mit der Kraft A gegeneinander
gepreßt (Abb. 6), so deformieren sie
sich im wesentlichen in der Art, daß
sich zwischen den beiden Zylindern
eine dritte Zylinderfläche ausbildet, welche in erster Annäherung
als Teil eines Kreiszylinders vom Halbmesser R angesehen werden darf. Nehmen wir, was für unsere augenblickliche Betrachtung genügend genau richtig ist, alle Kräfte als mit der Zentrale
gleichgerichtet an, und setzen wir Proportionalität zwischen Kraft
und Zusammendrückung voraus, schreiben wir also

$$p = \frac{y}{l} E , \tag{10}$$

---

wo E der Elastizitätsmodul, l die mittlere Eindringtiefe des Drucks in die Körper, y die Zusammendrückung und p der Flächendruck im Abstande x von der Zentrale sind, so läßt sich die Druckverteilung und die Formänderung berechnen.

Für Zylinder 1 ist y_1 in x

$$= h_1 \mp \frac{x^2}{2\,r_1} \pm \frac{x^2}{2\,R}, \tag{11}$$

für Zylinder 2 ist y_2 in x

$$= h_2 - \frac{x^2}{2\,r_2} \mp \frac{x^2}{2\,R}, \tag{12}$$

als Differenz von Parabelbogen vom Scheitelkrümmungsradius r_1, r_2 und R. Sonach

$$p = \frac{E_1}{l_1}\left(h_1 \mp \frac{x^2}{2\,r_1} \pm \frac{x^2}{2\,R}\right) = \frac{E_2}{l_2}\left(h_2 - \frac{x^2}{2\,r_2} \mp \frac{x^2}{2\,R}\right). \tag{13}$$

Die oberen Vorzeichen gelten hierbei und im folgenden für die Berührung zweier Zylinder von außen, die unteren Vorzeichen für die Berührung zweier Zylinder von innen.

Damit folgt

$$\frac{P}{B} = \int_{-s/2}^{+s/2} p\,dx = \frac{E_1}{l_1}\left(h_1\,s \mp \frac{s^3}{24\,r_1} \pm \frac{s^3}{24\,R}\right)$$
$$= \frac{E_2}{l_2}\left(h_2\,s - \frac{s^3}{24\,r_2} \mp \frac{s^3}{24\,R}\right) \tag{14}$$

Da für $x = \pm \dfrac{s}{2}$ $y_1 = y_2 = 0$ folgt

$$\pm \frac{s^2}{8\,R} = -\,h_1 \pm \frac{s^2}{8\,r_1} = h_2 - \frac{s^2}{8\,r_2}. \tag{15}$$

Sonach aus Gleich. 14 und Gleich. 15

$$\frac{P}{B} = \frac{E_1}{l_1}\left(h_1\,s \mp \frac{s^3}{24\,r_1} - \frac{s}{3}\left(h_1 \mp \frac{s^2}{8\,r_1}\right)\right)$$
$$= \frac{E_1}{l_1}\,\frac{2}{3}\,h_1\,s. \tag{16}$$

Analog

$$\frac{P}{B} = \frac{E_2}{l_2}\,\frac{2}{3}\,h_2\,s, \tag{17}$$

was auch unmittelbar als mittlerer Druck des parabolisch verteilten Flächendrucks über s hätte angeschrieben werden können.

Mittels der Gleich. 15, 16 und 17 folgt

$$\frac{s^2}{8} \left(\mp \frac{1}{r_1} \pm \frac{1}{r_2} \right) = \frac{P\,3\,l_1}{B\,s\,2\,E_1} + \frac{P\,3\,l_2}{B\,s\,2\,E_2} , \tag{18}$$

woraus

$$s = \sqrt[3]{\frac{12\,P}{B} \left(\frac{l_1}{E_1} + \frac{l_2}{E_2} \right) \frac{r_1 r_2}{r_1 \pm r_2}} . \tag{19}$$

Sind die linearen Abmessungen der Deformation klein gegenüber den Abmessungen der gepreßten Körper, wie dies bei Materialien von hohen Werten von E sicher der Fall ist, so werden die Strecken l_1 und l_2 unabhängig von der besonderen Form der Körper. Die Zusammendrückung verliert sich in einer bestimmten Tiefe l im Innern der berührenden Körper, deren Größe durch s zu messen ist.

$$l_1 = C_1 s \qquad l_2 = C_2 s . \tag{20}$$

Die Bestimmung von C_1 und C_2 muß durch den Versuch erfolgen. Hertz hat unter gewissen Bedingungen die hier vorliegende Aufgabe rechnerisch gelöst. Aus seiner Lösung bestimmt sich

$$C_1 = C_2 = \frac{9{,}24}{24} s = 0{,}385\,s . \tag{21}$$

Substituiert man nämlich diese Werte in unsere Gleichung 19, so erhält man die Hertzsche Lösung

$$s = \sqrt{4{,}62 \frac{P}{B} \left(\frac{1}{E_1} + \frac{1}{E_2} \right) \frac{r_1 r_2}{r_1 \pm r_2}} . \tag{22}$$

Aus unserer Ableitung folgt, daß diese Gleichung nur gültig ist, wenn $\dfrac{h}{s}$ klein gegenüber 0,385 oder s klein gegenüber $0{,}385 . 8 . r$ ist. Die mittlere Eindringtiefe $l = 0{,}385\,s$ ist natürlich nur ein Begriff. Tatsächlich erstreckt sich der Einfluß des Berührungsdrucks beliebig weit in den Körper (Abb. 7) etwa nach dem Gesetz

$$p = \frac{y\,e^{-\frac{z}{l}E}}{l} .$$

Die Druckverteilung zweier ruhender, durch eine Achsialkraft A aufeinander gepreßter Zylinder erfolgt, wie wir erkannt haben, nach einer Parabel. Die Resultierende fällt in die Zentrale. Rollen die beiden Zylinder aneinander ab, so tritt eine Änderung der Druckverteilung ein. Infolge der inneren Reibung und der elastischen Nachwirkung findet in den in die Berührungsstelle eintretenden Materialteilchen eine Druckerhöhung, in den austretenden Materialteilchen eine Druckverminderung gegenüber der symmetrischen parabolischen Druckverteilung statt. Die resultierende Druckkraft verschiebt sich hiernach nach der eintretenden Seite und zwar um so mehr, je unelastischer das Material ist. Bei absolut unelastischem Material, z. B. beim Rollen einer harten Rolle auf nicht elastischer Unterlage, z. B. Sand, tritt nur Druck auf der eintretenden Seite der Rolle auf.

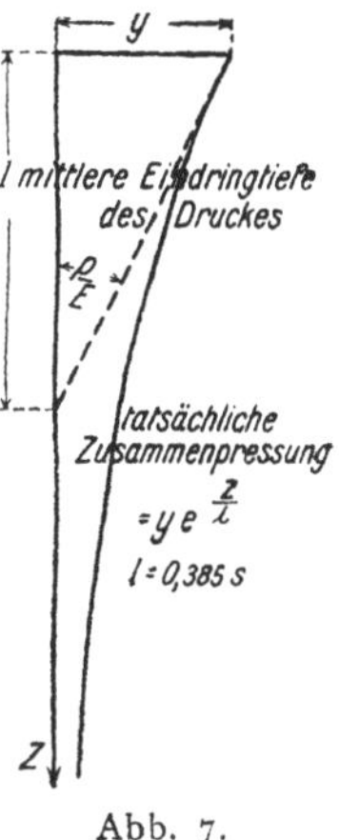

Abb. 7.

Dieser Druckänderung entspricht streng genommen eine Änderung der Form des Berührungszylinders: solange aber die Gesetze der inneren Reibung und der elastischen Nachwirkung fester Stoffe nicht weiter, wie heute, erforscht sind, wird man sich mit einer ersten Annäherung, der Form des oben berechneten Kreiszylinders, begnügen müssen. Die Resultierende der Druckkräfte in der Berührungsfläche greift dann vor der Zentrale an und ist nach dem Mittelpunkt des Berührungszylinders gerichtet.

Umfangskräfte.

Zur Übertragung der Drehbewegung treten in der gemeinsamen Berührungsfläche neben den eben betrachteten Normalkräften tangentiale Kräfte auf, welche wir oben als Umfangskräfte bezeichnet haben. Ihre Größe ist aus dem Gleichgewicht der äußeren Kräfte als Reaktionskraft zwischen der Rolle und ihrem Gegenkörper zu ermitteln. Nehmen wir — was nur angenähert richtig ist — an, daß am ganzen Berührungsumfang Haftreibung vorhanden ist und daß jedes Element der Berührungsfläche den gleichen prozentualen Anteil der Druckkraft als Umfangskraft liefert, daß also die Umfangskraft pro Flächeneinheit der Berührungsfläche sich darstellen läßt durch $a p \mu_0$, wo a eine Zahl kleiner als 1 ist, so lassen sich die Umfangskräfte ersetzen durch die resultierende Einzelkraft U als geometrische Resultante der Einzelkräfte $a p \mu_0 R d\varphi$ senkrecht auf $p R d\varphi$ am Halbmesser

$$\int_{\varphi_0}^{\varphi_3} \frac{\alpha p\, \mu_0\, R^2\, d\varphi}{U}.$$

Dieser Halbmesser ist, wie ohne weiteres zu erkennen ist, größer als R. Die Resultierende U steht senkrecht zu der Resultierenden N der Normalkräfte.

Die in der Berührungsfläche angreifenden Tangentialkräfte rufen, ohne daß eine relative Verschiebung der beiden Körper in der gemeinsamen Berührungsfläche erfolgt, eine Verdrehung der treibenden Rolle gegenüber der getriebenen hervor. Die Gleichgewichtsbedingungen am System, die ja für den deformierten Körper angeschrieben sind, werden hierdurch nicht berührt. Dagegen hat die durch die Tangentialkräfte bedingte gegenseitige Verdrehung der Rollen gegenüber der geometrischen Verdrehung der nicht deformierten Rollen einen Einfluß auf die für die Verdrehung aufzuwendende Arbeit.

Es soll im folgenden zunächst Aufgabe sein, die Gleichgewichtsbedingungen am Rolltrieb aufzustellen.

Gleichgewichtsbedingungen.

Für alle folgenden Untersuchungen sei der stationäre Endzustand vorausgesetzt, d. h., die Körper bewegen sich mit gleichbleibender Drehgeschwindigkeit. Das Kräftebild ist unabhängig von der Zeit. Dieser Zustand ist bei sämtlichen mir bekannten Versuchen über die Rollreibung, soweit dieselben sich des bequemen Mittels der schiefen Ebene zur Erzwingung der Rollbewegung bedienen, nicht verwirklicht worden. Dadurch ist es unmöglich gemacht, die Kraftwirkungen am System aus den vorliegenden Versuchen zu verfolgen. Da die Formänderungen sehr klein sind, kann der Angriffspunkt aller Kräfte statt in der gemeinsamen Berührungsfläche auf einer Senkrechten zur Zentrale im Schnittpunkt der Zentrale mit der Berührungsfläche liegend angenommen werden.

Gleichgewichtsbedingungen am Außentrieb.

Zwei Rollen mit den Halbmessern r_1 und r_2 sind in einem Gestell mit vernachlässigbar geringer Achsreibung gelagert und werden durch die Achsialkraft A in gleichbleibendem Abstand

$(\varrho_1 + \varrho_2)$ gehalten. Auf die Rolle 1 wirkt das Kräftepaar M_1 im Sinne des Uhrzeigers, auf die Rolle 2 das Kräftepaar M_2 im gleichen Drehsinn. (Abb. 8).

Wir machen die Rollen frei, indem wir in O die Achsialkräfte A und senkrecht dazu die Horizontalkräfte H anbringen. Ferner in der Berührungsfläche nach unserer oben angegebenen Regel die nach dem Mittelpunkt O' des Berührungszylinders gerichtete Normalkräfte N und senkrecht dazu die Umfangskräfte U.

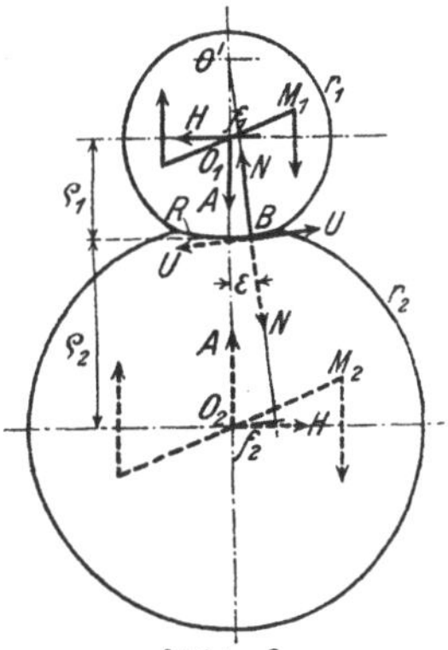

Dann ergeben sich die folgenden Gleichgewichtsbedingungen:

die Summe der statischen Momente aller Kräfte in bezug auf einen beliebigen Drehpunkt und die Summe der Komponenten aller Kräfte des Systems nach zwei aufeinander senkrechten Richtungen = Null, also auch:

Abb. 8.

die Summe der statischen Momente aller Kräfte in bezug auf 3 nicht in einer Geraden liegende Punkte = Null.

Es steht uns frei, eine der gegebenen Bedingungen zu wählen.

Wir wählen zunächst die erste Bedingung und finden aus der Bedingung Summe aller statischen Momente bezogen auf den Drehpunkt O_1 bzw. O_2

für Rolle 1 $\qquad -N \cdot f_1 - U\varrho_1 + M_1 = 0 \,,$ $\qquad\qquad$ (23)

für Rolle 2 $\qquad N f_2 - U\varrho_2 + M_2 = 0 \,,$ $\qquad\qquad$ (24)

woraus $\qquad M_1 = N f_1 + U\varrho_1 = N f_1 + \dfrac{(N f_2 + M_2)\varrho_1}{\varrho_2}$ $\qquad$ (25)

oder $\qquad M_1 = M_2 \dfrac{\varrho_1}{\varrho_2} + N\left(f_1 + f_2 \dfrac{\varrho_1}{\varrho_2}\right) \cdot$ $\qquad\qquad$ (26)

Wir erhalten hiermit als wichtiges Ergebnis, daß das treibende Kräftepaar M_1 gleich dem getriebenen $M_2 \dfrac{\varrho_1}{\varrho_2}$ zuzüglich einem von der Normalkraft abhängigen den Arbeitsverlust der rollenden Reibung bedingenden Kräftepaar $N\left(f_1 + f_2 \dfrac{\varrho_1}{\varrho_2}\right)$ ist.

Die als „Wälzarm" in der Theorie der Rollreibung einge-
führte Strecke $\left(f_1 + f_2 \frac{\varrho_1}{\varrho_2}\right)$ ist nach unseren Ergebnissen von dem
Übersetzungsverhältnis $\frac{\varrho_1}{\varrho_2}$ abhängig. Dieser Wälzarm ist, wie
man sich leicht durch eine geometrische Betrachtung überzeugen
kann, nicht dem Abstand $R\varepsilon$ des Angriffspunktes der Normalkraft
N von der Zentrale gleich, sondern er ist größer wie dieser.

Aus Versuchen mit Rollen eines bestimmten Übersetzungs-
verhältnisses errechnete Wälzarme können hiernach nicht ohne
weiteres auf Rolltriebe mit anderem Übersetzungsverhältnis
übertragen werden.

Die weitere Bedingung: die Summe der Komponenten aller
Kräfte des Systems nach zwei aufeinander senkrechten Richtungen $=$ Null liefert für Rolle 1:

$$A - N \cos \varepsilon - U \sin \varepsilon = 0 \,, \tag{27}$$

$$U \cos \varepsilon - N \sin \varepsilon - H = 0 \,, \tag{28}$$

oder wenn man $\cos \varepsilon = 1$ und $\sin \varepsilon = \varepsilon$ setzt:

$$A - N - U\varepsilon = 0 \tag{29}$$

$$U - H - N\varepsilon = 0 \tag{30}$$

für Rolle 2:

$$A - N \cos \varepsilon - U \cdot \sin \varepsilon = 0 \tag{31}$$

$$- U \cos \varepsilon + N \sin \varepsilon + H = 0 \,, \tag{32}$$

oder wie vorher:

$$A - N - U\varepsilon = 0 \tag{33}$$

$$U - H - N\varepsilon = 0 \tag{34}$$

Statt dieser Bedingungen hätte man auch die Bedingungen:
die Summe aller statischen Momente in bezug auf Punkt B und
in bezug auf Punkt $O' =$ Null wählen können.

Gleichgewichtsbedingungen am Innentrieb.

Analog schreiben sich die Gleichgewichtsbedingungen für
den Innentrieb (Abb. 9):

für Rolle 1: $\qquad -N f_1 - U \varrho_1 + M_1 = 0 \tag{35}$

für Rolle 2: $\qquad -N f_2 + U \varrho_2 - M_2 = 0 \,, \tag{36}$

woraus wie vorher:

$$M_1 = \frac{M_2\varrho_1}{\varrho_2} + N\left(f_1 + f_2\frac{\varrho_1}{\varrho_2}\right) \qquad (37)$$

und

$$U = \frac{M_2}{\varrho_2} + \frac{Nf_2}{\varrho_2} \qquad (38)$$

Unter der genügend genauen Annahme

$$N = A$$

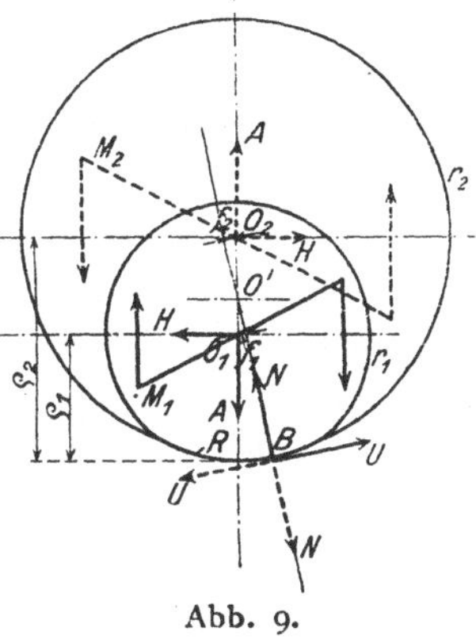

Abb. 9.

läßt sich aus der Bedingung, daß $U < N\mu$ sein muß, mit Hilfe der aus der Hertzschen Gleichung bestimmten Höchstwerten von f_1 und f_2 das zulässige größte übertragbare Kräftepaar M_2 und damit M_1 berechnen.

Außentrieb mit einer starren treibenden Rolle.

Es wird

$$\varrho_1 = r_1 \qquad (39)$$

$$f_1 = 0, \qquad (40)$$

sonach nach Gleich. 26

$$M_1 = M_2 \cdot \frac{r_1}{\varrho_2} + N \cdot f_2 \frac{r_1}{\varrho_2} \cdot \qquad (41)$$

Die starre Rolle liefert hiernach keinen Beitrag zum Drehmoment.

Rolle und Ebene: Rolle und Ebene elastisch.

Die Ebene sei horizontal (Abb. 10).

An der Achse greife die Zugkraft Z horizontal an. Die Achse sei vertikal durch A belastet.

Wir machen die Rolle frei, indem wir als Resultante aller in der Berührungsfläche wirkenden Kräfte die Einzelkräfte N und U als äußere Kräfte anbringen. Damit erhalten wir die Gleichgewichtsbedingungen:

$$\text{I.} \quad Nf - U\varrho = 0, \quad Z\varrho - AR\varepsilon = 0, \quad Z\varrho - NR\varepsilon = 0, \quad (42)$$

$$\text{II.} \quad N\cos\varepsilon - A - U\sin\varepsilon = 0, \quad (43)$$

$$\text{III.} \quad -U\cos\varepsilon + Z - N\sin\varepsilon = 0, \quad (44)$$

oder angenähert:

$$N - A - U\varepsilon = 0 \quad (45)$$

$$-U + Z - N\varepsilon = 0. \quad (46)$$

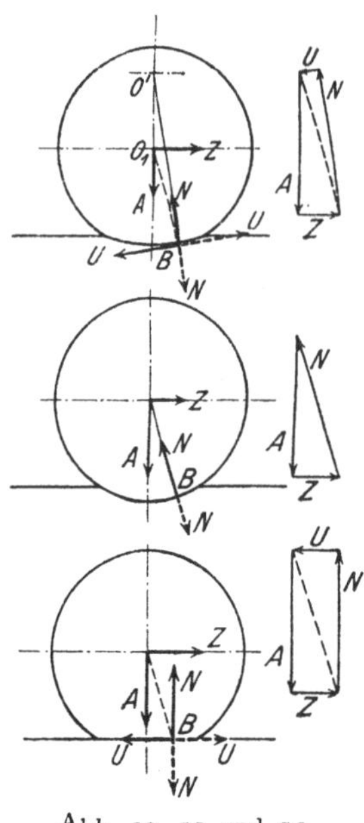

Abb. 10, 11 und 12.

Rolle und Ebene: Rolle elastisch, Ebene starr. (Abb. 12).

$$\text{I.} \quad Z\varrho - AR\varepsilon = 0 \quad (47)$$

$$\text{II.} \quad A - N = 0 \quad (48)$$

$$\text{III.} \quad -U + Z = 0. \quad (49)$$

$R\varepsilon$ wird hier gleich dem Abstand zwischen A und N.

Rolle und Ebene: Rolle starr, Ebene elastisch.

Ist die Rolle starr und die Ebene elastisch (Abb. 11), so folgt, daß zur Aufrechterhaltung der Rollbewegung keine Umfangskraft U erforderlich ist, wenn die Zugkraft Z in jedem Augenblick mit der Horizontalkomponente von N im Gleichgewicht ist. Eine starre Rolle ist imstande, auch dann auf einer Ebene zu rollen — vorausgesetzt, daß ihr die Drehbewegung in irgendeiner Weise mitgeteilt worden ist —, wenn Rolle und Bahn absolut glatt sind.

Für die Bewegung einer starren Rolle auf weicher Bahn sind die Bewegungswiderstände bereits von Brix (und von Gerstner) richtig in ihrer Abhängigkeit von der Belastung A und dem Rollenhalbmesser r dargestellt worden.

Brix setzt den Flächendruck proportional der Zusammenpressung (Abb. 13)

$$p = Ch_o\left(1 - \frac{x^2}{b^2}\right), \quad (50)$$

wo $b = \dfrac{s}{2}$ unserer Abb. 6 und Gleich. 14 bis 22.

Sonach

$$A = \int_0^b p\,dx = \int_0^b Ch_0\left(1 - \frac{x^2}{b^2}\right) dx \tag{51}$$

$$A = \frac{2}{3}\,Ch_0\sqrt{2rh_0} \tag{52}$$

$$M = \int_0^b p\,x\,dx = \int_0^b Ch_0\left(1 - \frac{x^2}{b^2}\right) x\,dx \tag{53}$$

$$M = \frac{Ch_0 b^2}{4} = Zr \tag{54}$$

Daraus folgt

$$Z = \frac{Ch_0 b^2}{4r} \tag{55}$$

und mit

$$b = \sqrt{2rh_0} \qquad \text{und} \qquad h_0 = \sqrt[3]{\frac{9\,A^2}{C^2\,4\,2r}} \tag{56}$$

$$Z = \text{proportional}\ \sqrt[3]{\frac{A^4}{r^2}} \tag{57}$$

Der Abstand von N von der Zentrale berechnet sich zu

$$\frac{3}{4}\sqrt{\frac{rh_0}{2}} = \frac{3}{8}\,b\ . \tag{58}$$

Diese Betrachtung geht von einer Druckfläche aus, bei welcher ein plötzlicher Abfall vom Höchstwert Ch_0 auf Null stattfindet. Diese Druckverteilung entspricht sicher nicht der Wirklichkeit. Um einen allmählichen Übergang der Druckverteilung zu erhalten, schreiben wir

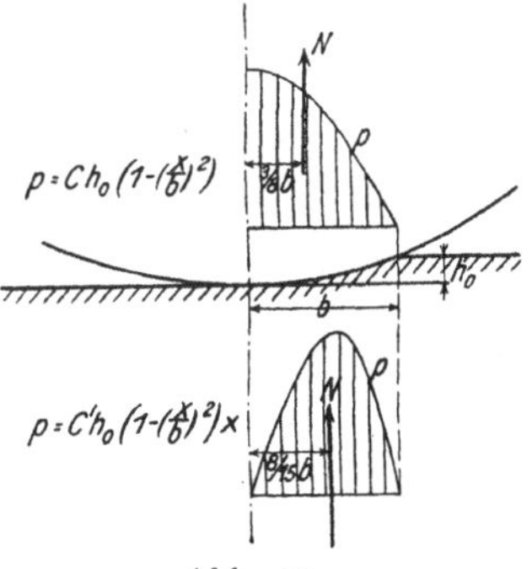

Abb. 13.

$$p = C'h_0\left(1 - \frac{x^2}{b^2}\right) x\ . \tag{59}$$

Damit findet sich

$$A = \frac{C'\,h_0 b^2}{4} = \frac{C'\,rh_0^2}{2} \tag{60}$$

und

$$M = Zr = \frac{2}{15}\, C'h_0\, b^3$$
$$= \text{proportional } \sqrt[4]{\frac{A^5}{r^3}} \tag{61}$$

Damit ermittelt sich der Abstand von N von der Zentrale zu

$$\frac{M}{A} = \frac{8}{15}\, b \; . \tag{62}$$

Wir werden weiter unten sehen, daß dieser rechnerisch gefundene Wert eine gewisse Stütze in von Reynolds durchgeführten Messungen findet.

Rolle auf schiefer Ebene.

Betrachten wir noch mit Rücksicht auf die Bedeutung der Anordnung für die versuchsmäßige Ermittelung der Rollreibung die auf der schiefen Ebene ablaufende Rolle.

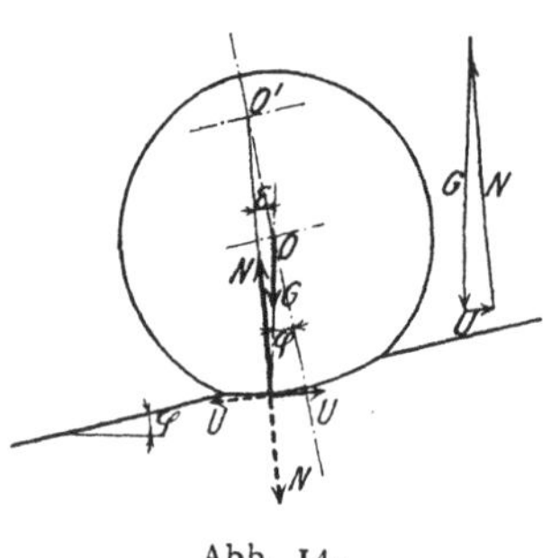

Abb. 14.

Machen wir das System frei,. so greifen an demselben drei Kräfte an:

1. die Gewichtskraft G,
2. die Normalkraft N,
3. die Tangentialkraft U.

Die drei Kräfte müssen sich in einem Punkte schneiden. Damit Rollen eintreten kann, muß am Umfang die Kraft $G \sin \varepsilon$ wirksam sein. Der Winkel ε ist, wie man erkennt, kleiner wie der Winkel φ der Bahnneigung.

Solange eine auf einer Ebene liegende Rolle sich in Ruhe befindet, geht, wenn die Ebene horizontal ist, die Resultierende der Auflagerkräfte durch die Symmetrieachse. Wird die Ebene geneigt, so tritt die Resultierende der Auflagerkräfte aus der Symmetrieachse heraus, bleibt aber nach Größe und Angriffslinie mit der Gewichtskraft der Rolle zusammenfallend. Dieser Gleichgewichtszustand findet seine Grenze, sobald die Gewichtskraft über den äußersten Unterstützungspunkt hinausfällt, also äußersten Falles, wenn $\varphi > \dfrac{s}{2\varrho}$ wird. Diese Betrachtung kann allerdings nur als eine angenäherte gelten, da bei einer Neigung der Bahn die Form der Berührungsfläche aus der des Kreiszylinders herausgeht. Doch scheinen die Messungen Reynolds zu zeigen, daß unsere Rechnung unter der Annahme unveränderter kreiszylindrischer Form der Berührungsfläche den tatsächlichen Verhältnissen genügend genau gerecht wird (vgl. Zahlentafel II eite 56).

Tritt nach Erreichung des Neigungswinkels φ der Ebene Rollen ein, so verringert sich, wie wir oben gesehen haben, der „Wälzarm". (In obiger Rechnung bei starrer Rolle auf elastischer Bahn auf $\dfrac{8}{15} \cdot \dfrac{s}{2}$.) Der Überschuß des von der Gewichtskraft herrührenden Drehmoments wird zur Beschleunigung der Rolle verwendet. Nach Eintritt der Bewegung müßte hiernach die Neigung der Bahn verringert werden, um gleichmäßige Rollbewegung zu erzielen.

Rolle unter dem Einfluß eines Kräftepaares und einer Einzelkraft.

Die vorher behandelten Fälle betrafen die Bewegung einer Rolle auf einer ebenen Bahn einzig unter der Wirkung derjenigen Kräfte, welche zur Aufrechterhaltung der Bewegung erforderlich sind. Dieser Fall tritt also ein z. B. bei den Rädern einer gezogenen oder geschobenen Achse. Von Bedeutung ist noch der Fall des Triebrades, bei welchem also das Rad durch ein äußeres Kräftepaar gedreht wird, wobei eine der Bahn parallele an der Achse angreifende äußere Kraft H zu überwinden ist.

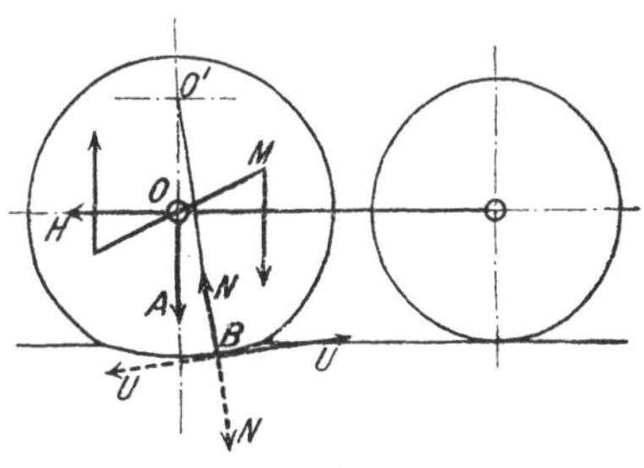

Abb. 15.

Der Fall läßt sich in einfachster Weise praktisch unter Zuhilfenahme eines Stützrades verwirklichen, dessen Bewegung als widerstandslos angenommen werden soll (Abb. 15).

Dann gilt mit O als Drehpunkt:

$$\text{I.} \quad -Nf - U\varrho + M = 0 \qquad (63)$$

$$\text{II.} \quad N\cos\varepsilon + U\sin\varepsilon - A = 0 \qquad (64)$$

$$\text{III.} \quad -N\sin\varepsilon + U\cos\varepsilon - H = 0 \qquad (65)$$

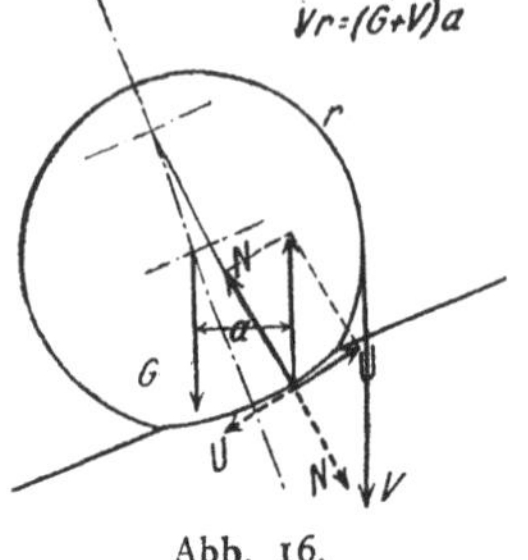

Abb. 16.

oder

$$N - A + U\varepsilon = 0 \qquad (66)$$

$$U - H - N\varepsilon = 0 \ . \qquad (67)$$

Ferner gilt

$$\text{IV.} \quad -H\varrho - NR\varepsilon + M = 0 \qquad (68)$$

also $\quad M = H\varrho + NR\varepsilon \ .$ $\qquad (69)$

Für eine unter dem Einfluß eines Kräftepaares Vr auf einer schiefen Ebene nach aufwärts rollenden Walze (Versuchsanordnung Jahn[*]) sind die Gleichgewichtsbedingungen der Abb. 16 unmittelbar zu entnehmen.

Prüfung durch Versuche.

Es ist von Bedeutung, die gewonnenen Erkenntnisse an Versuchen zu überprüfen.

Die meisten Versuche über Rollreibung sind vermittels der schiefen Ebene vorgenommen. Diese Anordnung erscheint insofern besonders geeignet, als sich selbst äußerst kleine Kräfte des Rollwiderstandes bequem messen lassen. Die Anordnung besitzt den Nachteil, daß sich stationäre Rollbewegung schwer erzielen läßt.

Will man das Problem der Rollreibung versuchsmäßig studieren, so wird man vor allen Dingen dafür zu sorgen haben, daß die Oberflächen der aufeinander abrollenden Körper von solcher Beschaffenheit sind, daß die beim Abrollen eintretenden Formänderungen groß gegenüber den Unebenheiten der Körper sind. Je härter deshalb die Körper sind, desto glatter müssen die Oberflächen bearbeitet sein, um die Erscheinungen der Rollreibung in reproduzierbarer Form zu erhalten. Geschabte Flächen genügen

---

[*] **Jahn**: Die Beziehungen zwischen Rad und Schiene. Zeitschr. d. V. d Ing. (62) 1918.

hiernach bei Eisen als Material von Rolle und Gegenkörper noch nicht. Reynolds*) sagt aus, daß eine 6″ Walze aus Gußeisen, welche geschliffen und mit äußerster Sorgfalt mit Ölstein abgezogen war, so daß die Fläche durch die Lupe betrachtet, vollkommen glatt erschien, auf eine gehobelte und dann geschabte gußeiserne Platte gebracht, sogleich in eine der kleinen durch das Schaben gebildeten Mulden rollte. Erst nachdem zwei Platten sorgfältig aufeinander geschliffen und mit Ölstein abgezogen waren, gelang es, einerseits die Rolle an beliebiger Stelle der Platte zu lagern, anderseits sie bei einer Neigung der Platte von 1 : 5000 nach jeder Seite zum Rollen zu bringen. Diese Beobachtung Reynolds, die sich mit unserer Erkenntnis über das Wesen der Rollreibung deckt, wird man bei der Beurteilung neuerer Versuche, bei denen nicht die gleiche Sorgfalt auf die Erzielung genügend glatter Flächen verwendet wurde, im Auge behalten müssen.

Um den hohen Anforderungen, welche harte Materialien an die Reinheit und Glätte der Flächen stellen, auszuweichen, empfiehlt es sich Versuche zum Studium des Problems der Rollreibung nicht an Metallflächen, sondern an Körpern aus weichem Material vorzunehmen. Diesem Weg folgte auch Reynolds.

Reynolds fertigte Platten aus fünf verschiedenen Materialien an: Gußeisen, Messing, Glas, Buchsbaumholz und Kautschuk. Für jede dieser Platten bestimmte er einmal den Winkel, unter dem die oben beschriebene gußeiserne Rolle aus der Ruhe abzurollen begann, sodann denjenigen kleinsten Winkel, bei dem eine die schiefe Ebene hinauf in Bewegung gesetzte Rolle ihre Bewegung umkehrte.

Nach der oben beschriebenen Auffassung wird der Winkel, aus dem die Rolle aus der Ruhe anläuft, von der Größenordnung $< \dfrac{s}{2\,r}$ sein, der Winkel, bei dem die Rolle unter dem Einfluß der elastischen Kräfte ihre Bewegung umkehrt, von der Größenordnung $> \dfrac{8}{15} \cdot \dfrac{s}{2\,r}$ bis $\dfrac{3}{8} \cdot \dfrac{s}{2\,r}$.

Die Größe s ist vermittels der Hertzschen Gleichung zu ermitteln.

---

*) Osborne Reynolds: On Rolling-Friction Phil. Transactions Roy. Soc. London (166) 1876, 155.

Die Zahlentafel II zeigt die berechneten und gemessenen Winkel. Die Übereinstimmung dürfte als genügend zu bezeichnen sein.

Zahlentafel II.

Rollendurchmesser = 15,24 cm, Rollenbreite = 6,08 cm, Gewicht = 6,35 kg.

Gußeiserne Rolle auf	E kg/cm²	Berechnet $\dfrac{s}{2r}$	Gemessen aus Ruhelage	Berechnet $\dfrac{3}{8} \cdot \dfrac{s}{2r}$	Berechnet $\dfrac{8}{15} \cdot \dfrac{s}{2r}$	Gemessen bei Umkehr
Gußeisen	1 000 000	0,00062	0,00057	0,00023	0,00033	0,00026
Messing	800 000	0,00065	0,00063	0,00024	0,00035	0,00019
Glas	700 000	0,00068	0,00077	0,00025	0,00036	0,00021
Buchsbaum	200 000	0,00107	0,00100	0,00040	0,00057	0,00057
Kautschuk	12 000	0,00391	0,00354	0,00148	0,00208	0,00329

Gleitung und Schlüpfung infolge von durch Normalkräfte bedingten Formänderungen.

Bisher haben wir angenommen, daß bei der Deformation keine gegenseitige Verschiebung der in irgendeinem Zeitpunkt einander berührenden Teilchen von Rolle und Gegenkörper eintritt. Ja, wir haben die Abwesenheit von Gleitung als Bedingung für einen ordnungsmäßigen Rollbetrieb bezeichnet. Diese Bedingung bezog sich aber nur auf den Eintritt von Gleitung in der ganzen Berührungsfläche. Ein teilweises Gleiten in der Berührungsfläche ist dagegen zulässig, ohne daß der Zusammenhang der Rolle mit ihrem Gegenkörper unterbrochen wird.

Nehmen wir z. B. an, daß eine weiche Rolle normal gegen eine starre, ebene Fläche gepreßt wird, so muß das Material, welches in dem durch die Abplattung entstandenen Segment verschwunden ist, an einer andern Stelle wenigstens teilweise wieder erscheinen. Es findet also in der Berührungszone eine Verschiebung des Materials statt, die zu einer Gleitung zwischen anliegenden Teilchen von Rolle und Bahn führen kann, wenn die bei der Zusammenpressung erzeugten inneren Kräfte groß genug sind, um die Haftreibung in der Berührungsfläche zu überwinden. Dies wird im allgemeinen immer in den äußeren Teilen der Berührungsfläche der Fall sein, wo der Flächendruck und damit auch die Haftreibung gering sind, während die Verschiebungskräfte verhältnismäßig groß sind. Bei der eben beschriebenen Annäherung der Rolle normal zur Bahn wird Gleitung an den beiden äußeren Teilen der Berührungsfläche auftreten, und zwar ist die Richtung des Gleitens an beiden Teilen entgegengesetzt, so daß also die Gleitkräfte sich gegenseitig aufheben und die Rolle in Ruhe verbleibt.

Wälzt sich die Rolle ab, so wird an der vorangehenden Seite das durch die Zusammenpressung verdrängte Material vorangeschoben: es entsteht also in der Berührungsfläche Gleitreibung, welche die Unterlage im Sinne der Fortschrittsbewegung der Rollenachse zu verschieben, die Rolle im Sinne ihrer Drehrichtung zu drehen sucht. An der austretenden Seite sucht das zusammengedrückte und verschobene Material die ursprüngliche Form wieder zurückzugewinnen. Das durch die Zusammenpressung gedehnte Material sucht sich wieder zusammenzuziehen, wodurch in der Berührungsfläche Gleitreibung entstehen kann, wenn die inneren Kräfte die Haftreibung überwinden. Die Gleitreibung an der austretenden Seite sucht die Unterlage in der Bewegungsrichtung der Rollenachse zu verschieben, die Rolle also im Sinne ihrer Drehrichtung zu drehen.

Die Richtung der Kräfte kehrt sich um, wenn eine harte Rolle auf weicher Unterlage rollt. An der vorgehenden Seite wird dann das Material der Unterlage in Richtung der Bewegung der Rollenachse verschoben: die entstehende Gleitreibung wirkt der Drehung der Rolle entgegen. An der austretenden Seite sucht das durch die Zusammenpressung gestreckte Material die ursprüngliche Länge wieder einzunehmen. Das Material der Unterlage verschiebt sich dabei in Richtung der Fortschrittsbewegung der Rollenachse: die entstehende Gleitreibung wirkt der Drehung der Rolle entgegen. Zwischen den Zonen der Gleitreibung verbleibt eine mehr oder weniger breite Zone der Haftreibung.

Für den Fortschritt der Rolle gegenüber ihrem Gegenkörper ist die effektive Länge der aneinander sich abwälzenden Umfänge maßgebend. Diese Umfänge ändern sich innerhalb des Gebietes, in welchem Haftreibung vorhanden ist, nicht. Die maßgebenden Umfänge sind also aus der Streckung bzw. Stauchung des Materials an derjenigen Stelle zu berechnen, bei welcher die Gleitreibung in die Haftreibung übergeht. Die Lage dieser Stelle hängt von der Verteilung der inneren Kräfte in der Berührungszone und von der Reibungszahl der gleitenden Reibung ab. Je geringer die Gleitreibungszahl ist, auf ein desto kleineres Gebiet schnürt sich die Haftreibung ein. Eine rechnerische Verfolgung erscheint bei der Unmöglichkeit, die Spannungsverteilung richtig zu ermitteln, ausgeschlossen. Es mag fürs erste genügen, wenn die Länge der sich aneinander abwälzenden Umfänge an der Stelle größter Formänderung, also in der Zentrale gemessen wird.

Die sich einstellenden Verhältnisse lassen sich am einfachsten wieder durch Betrachtung von harter Rolle und weicher Bahn bzw. weicher Rolle und harter Bahn überblicken.

Wälzt sich eine harte Rolle auf einer weichen, ebenen Bahn, so wird das Material der Bahn in der Zentrale normal zusammengedrückt, in der Oberfläche demnach gestreckt. Die Strecke, auf welcher die Rolle sich abwälzt, vergrößert sich hiernach. Es entsteht positiver Schlupf.

Wälzt sich eine weiche Rolle auf einer harten Bahn, so wird das Material der Rolle in der Zentrale radial zusammengedrückt, in der Oberfläche demnach gestreckt. Der Umfang der Rolle verkleinert sich hiernach durch die radiale Zusammenpressung, vergrößert sich anderseits durch die Streckung. Der Einfluß beider Faktoren auf den Schlupf muß im Einzelfall untersucht werden. Ebenso wird es immer einer Durchrechnung im einzelnen Fall bedürfen, um zu entscheiden, ob bei einem Rolltrieb mit zwei elastischen Rollen positiver oder negativer Schlupf zu erwarten ist.

Prüfung durch Versuche.

Zur Nachprüfung des Gesagten stehen wieder Versuche Reynolds zur Verfügung. Reynolds beobachtete den Schlupf der oben beschriebenen gußeisernen Rolle beim Abwälzen auf ebenen Kautschukstreifen von verschiedener Dicke. Da die Eindrückungen klein gegenüber der Dicke der Kautschukstreifen bleiben, werden wir einen Einfluß der Streifendicke auf den Schlupf nicht erwarten und gleichmäßig mit einer scheinbaren Streifendicke von 0,385 s rechnen dürfen.

Aus der Gleichung 22

$$s = \sqrt{4{,}62 \frac{P}{B}\left(\frac{1}{E_1} + \frac{1}{E_2}\right) r}$$

folgt z. B. mit $P = 6{,}35$ kg $B = 2 \cdot 0{,}92$ cm, $E_1 = 1\,000\,000$ kg/cm², $E_2 = 12\,500$ kg/cm², $r = 7{,}62$ cm, wobei angenommen ist, daß die Streifenbreite der Streifendicke gleich ist:

$$s = 0{,}314 \text{ cm}$$

und die maximale Zusammenpressung h_0 in der Zentrale

$$h_0 = \frac{s^2}{8\,r} = 0{,}00162 \text{ cm} .$$

Denken wir uns die Streckung der Oberfläche durch Fließen des Materials aus dem Querschnitt $0{,}385\,s$ in einen Querschnitt von der Höhe $(0{,}385\,s - h_0)$ erzielt, so errechnet sich der Schlupf σ zu

$$\frac{0{,}385\,s}{0{,}385\,s - h_0} - 1 = \frac{0{,}00162}{0{,}385 \cdot 0{,}314 - 0{,}00162} = \frac{0{,}00162}{0{,}11928} = \frac{1}{73{,}7} .$$

Beobachtet wurde der Schlupf zu $\dfrac{1}{72}$.

Für einen zweiten Streifen von $0{,}203$ cm Dicke berechnet sich unter der Annahme der gleichen Streifenbreite $0{,}203$ cm $s = 0{,}668$ cm, $h_0 = 0{,}00734$ cm und damit $\sigma = \dfrac{1}{35}$ gegen $\dfrac{1}{42}$ beobachtet.

Die übrigen von Reynolds durchgeführten Versuche lassen sich leider nicht zur Analyse unserer Ergebnisse verwenden, da sie in ihren Angaben nicht vollständig sind.

Schlüpfung infolge von durch Umfangskräfte bedingten Formänderungen.

Bisher haben wir nur Formänderungen in Betracht gezogen, welche durch den Normaldruck N bedingt sind. Neben diesem wirkt noch, wie unsere früheren Betrachtungen ergeben haben, in der Berührungsfläche die Umfangskraft U, deren Größe von N unabhängig aus dem Gleichgewicht der am System angreifenden Kräfte bestimmbar ist. Nach oben hin ist die Umfangskraft begrenzt durch die Betriebsvorschrift

$$U < N\,\mu .$$

Der Umstand, daß μ immer eine kleine Zahl ist ($0{,}14$ bis $0{,}26$), läßt den Einfluß der Umfangskraft gegenüber der Normalkraft zurücktreten und es erklärlich erscheinen, daß die durch die Umfangskraft bedingten Formänderungen bis in die letzte Zeit nicht mit in die Betrachtungen einbezogen wurden. Der erste, der die tangentialen Formänderungen in ihrem Einfluß auf den Schlupf untersuchte, war Jahn*).

Der Einfluß, der in der Berührungsfläche wirksamen Umfangskräfte macht sich in der Weise bemerkbar, daß je nach der Richtung der Umfangskraft gegenüber der Wälzbewegung die Länge der aufeinander abwälzenden Umfänge vergrößert oder verkleinert wird (Abb. 17 und 18). Diese Formänderung tritt nur beim

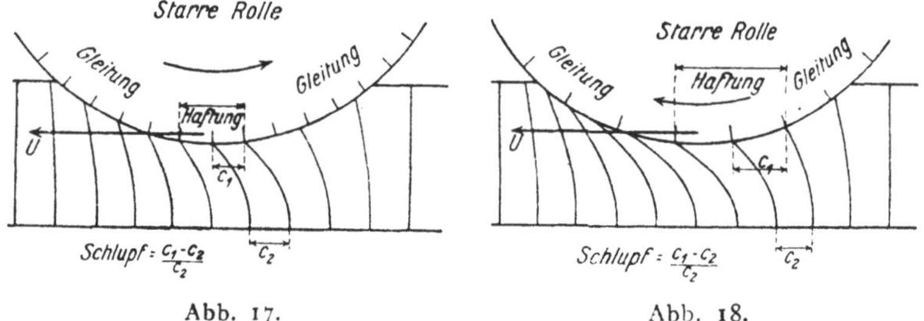

Abb. 17.   Abb. 18.

Durchgang des Materials durch die Berührungsstelle ein und gleicht sich in der Rolle außerhalb der Berührungsfläche wieder aus, in ganz gleicher Weise, wie dies mit den durch die Normalkraft bedingten Formänderungen der Fall ist.

Die rechnerische Verfolgung der durch die Umfangskräfte bedingten Formänderungen und damit ihres Beitrags zum Schlupf ist zurzeit auch für den einfachsten Fall der glatten zylindrischen Walze noch nicht aufgenommen

Einen Einfluß auf die Gleichgewichtsbedingungen haben die durch die Umfangskräfte bedingten Formänderungen nur soweit, als durch sie die Normalkräfte berührt werden: dieselben bewirken insbesondere eine relative Verdrehung der Rolle gegenüber dem Gegenkörper und damit eine Veränderung der Winkelgeschwindigkeit der treibenden Rolle, also auch des Arbeitsbedarfs.

---

* Jahn: Die Beziehungen zwischen Rad und Schiene hinsichtlich des Kräftespiels und der Bewegungsverhältnisse. Zeitschr. d. V. d. Ing. (62) 1918, 121.

Der Walzprozeß.

Ein ausgezeichnetes Bild der durch die gemeinsame Wirkung von Normal- und Umfangskraft hervorgerufenen Formänderungen, insbesondere eine klare Vorstellung des Begriffes Schlupf erhält man durch Betrachtung des unelastischen Vorgangs des Walzprozesses. Bei diesem wird das in knetbarem Zustand befindliche Material durch die Haftreibung zwischen zwei Walzen hindurchgezogen, wobei der Querschnitt des Materials sich zwischen den Walzen verkleinert.

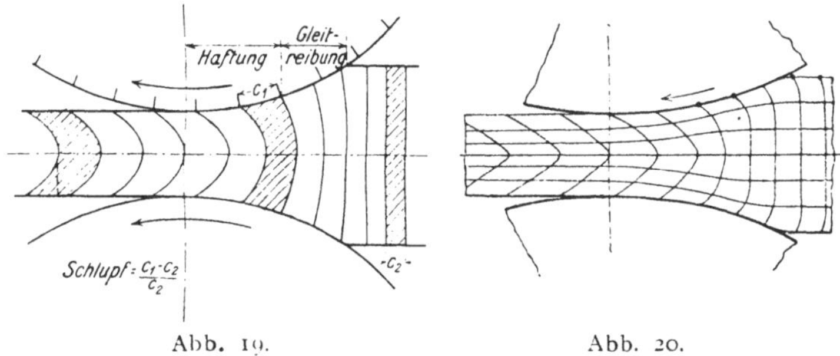

Abb. 19.   Abb. 20.

Bezeichnet man mit v_1 die Geschwindigkeit des aus den Walzen austretenden Materials, mit v_2 die Geschwindigkeit des Materials in genügender Entfernung vor den Walzen, so ist der Schlupf (Abb. 19)

$$\sigma = \frac{v_1 - v_2}{v_2} \text{ entsprechend Gleich. 9.}$$

Die Umfangsgeschwindigkeit der Walzen ist die gleiche, wie die Austrittsgeschwindigkeit des gewalzten Materials, da Material und Walze durch Haftreibung verbunden sind.

Die Formänderung des Materials erfolgt einmal durch Zusammendrücken, ferner durch Verschieben der Materialteilchen infolge der Umfangskraft. Diese Verschiebegeschwindigkeit addiert sich in unserem Fall zu dem aus dem Längenzuwachs durch Zusammenpressen sich ergebenden Geschwindigkeitszuwachs.

In Abb. 20 ist die Darstellung des Walzprozesses gegeben, wie sie von Kick durch Auswalzen einer mit farbigen Streifen durchsetzten Knetmasse gewonnen wurde[*]).

---

[*]) Aus Rummel: Richtlinien für die Erforschung der Formänderung bildsamer Körper. Stahl und Eisen (39) 1919, 240; auch Kick, Dinglers Polyt. Journ. (234) 1879, 349.

Wirkungsgrad der Rollreibung.

Nach dem Entwickelten wird die Arbeit der Rollreibung durch drei Einzelwirkungen bedingt:

1. durch das beim Abrollen auftretende Gegendrehmoment der in der Berührungsfläche wirksamen Kräfte,

2. durch die Veränderung der Winkelgeschwindigkeit der treibenden Rolle infolge Schlupfes oder Gleitung,

3. durch die Arbeit der Gleitreibung an den Außenteilen der Berührungsflächen bei Vorhandensein von Haftreibung.

Der letztere Arbeitsanteil ist, wie die Vergleichsversuche Reynolds mit gefetteten und trockenen Berührungsflächen beweisen, gering und kann wohl, da wir doch nicht imstande sind, den Einfluß der Gleitreibung auf die Formänderung rechnerisch zu berücksichtigen, im allgemeinen vernachlässigt werden.

Die unter 1 und 2 genannten Einzelwirkungen müssen berechnet und bei Versuchen getrennt beobachtet werden.

Welche Irrtümer entstehen können, wenn nur die Reibungsarbeit als Ganzes, nicht aber zugleich Reibungskraft oder Reibungsweg beobachtet werden, dafür gibt Jahn einen sehr schönen Beleg. „An einer russischen Lokomotive der Bauart Mallet-Rimrott mit getrennten Triebwerken bei gleichgroßen Triebrädern beobachtete man ungewöhnlich hohen Dampfverbrauch. Veränderungen an der Steuerung fruchteten ebensowenig, wie sonstige Maßnahmen. Da verfiel man auf die Zählungen der Triebradumdrehungen. Es stellte sich heraus, daß das eine Triebwerk eine größere Umlaufzahl hatte." Es mag dahingestellt bleiben, ob es sich in diesem Fall um Schlüpfung oder Gleitung handelte, jedenfalls kennzeichnet das Beispiel die Bedeutung der Feststellung der Drehzahl gleichzeitig mit dem Drehmoment oder der Arbeitsleistung.

Die übliche Darstellung des Reibungsmomentes in der Form der um den „Wälzarm" verschobenen Normalkraft kann hiernach zur Darstellung der Reibungsarbeit nur dienen, wenn entweder der Schlupf oder die Gleitung vernachlässigbar klein sind oder deren Größe mit angegeben wird.

Reibung von Rollen- und Kugellagern.

Nach unseren oben gegebenen Ableitungen müßte die Reibungszahl von Rollenlagern mit dem Lagerdruck zunehmen. Nach Versuchen von Stribeck*) nimmt jedoch die Reibungszahl von Rollenlagern umgekehrt der Wurzel aus dem Lagerdruck ab. Der hier klaffende Widerspruch findet seine zwanglose Erklärung darin, daß bei Rollen- und Kugellagern (Maschinenelementen) nicht die rollende Reibung, sondern die durch die Flüssigkeitsreibung bestimmte Gleitreibung von bestimmendem Einfluß auf die Reibungszahl des Lagers ist. Damit stehen die Beobachtungen Stribecks im Einklang, wonach die Reibungszahl der Rollen- und Kugellager von der Bearbeitung der Rollen und Kugeln und ihrer Laufflächen und von der Art und Temperatur des Schmiermittels abhängig ist. Das Augenmerk des Konstrukteurs wird also vor allem darauf gerichtet sein müssen, gleitende Reibung unter Druck bei der Bewegung der Rollen und Kugeln zu vermeiden.

Einfluß von Oberflächenvorsprüngen.

Bisher hatten wir glatte Flächen angenommen, von denen wir nur voraussetzten, daß sie ihrer gegenseitigen Verschiebung einen Widerstand $W = N\mu_0$ bzw. $W = N\mu$ entgegensetzen. Wodurch dieser Widerstand erzeugt wird, hatten wir völlig offen gelassen.

Es ist von Interesse, sich zu vergegenwärtigen, wie die Verhältnisse sich ändern, wenn die Flächen nicht glatt, sondern rauh sind.

Naturgemäß findet ein elastisches Problem, wie das vorliegende des Rollwiderstandes von selbst seine Erledigung, wenn die Rauhigkeiten von der Größenordnung der elastischen Deformationen der glatt gedachten Flächen sind. In solchen Fällen läßt sich überhaupt kein allgemein gültiges Gesetz aufstellen und man ist allein auf die Ermittelung von Reibungskraft und Schlupf durch den Versuch angewiesen. Dies ist z. B. der Fall bei der Ermittelung der Rollreibung von Fuhrwerken auf Straßen, für

---

*) Stribeck: Die wesentlichen Eigenschaften der Gleit- und Rollenlager. Z. d. V. d. Ing. 1902.

welche sich wohl allgemeine Abhängigkeiten gesetzmäßig aufstellen, numerische Ergebnisse aber nur durch den Versuch gewinnen lassen*).

Sobald die Größe der Rauhigkeiten von der Größenordnung der Formänderungen wird, tritt nämlich bei freibeweglicher Rolle zu der Erscheinung des Schlüpfens und Gleitens noch eine dritte, die des Springens. Springen der Rolle entsteht dadurch, daß infolge der Rauhigkeiten der Oberflächen die Rolle zeitweise sich von ihrer Gegenfläche trennt oder doch der Flächendruck stark verändert wird. Die dadurch bedingte Bewegung ist geometrisch gesprochen eine Gleitbewegung; der Arbeitsverbrauch der springenden Bewegung hat aber nichts mit dem Arbeitsverbrauch der Gleitung gemein und ist vielmehr bedingt durch die mit dem Springen verbundene Hebung des Schwerpunktes der Rolle und durch Stoßverluste. Diese Verluste können verringert oder beseitigt werden, indem man die Masse der Rolle federnd mit den durch die Rolle zu bewegenden Massen verbindet (Abfederung von Fuhrwerken), so daß die Arbeit der Hebung des Schwerpunktes so gering wie möglich wird, oder indem man die Rolle aus solchem Material anfertigt, daß die elastischen Formänderungen beim Rollen von der Größenordnung der zu überwindenden Rauhigkeiten werden (Gummibereifung). Es wird Sache des einzelnen Falles sein, zu prüfen, wieweit der höhere Arbeitsbedarf der elastischeren Rolle durch die Arbeitsersparnis der verringerten Springbewegung ausgeglichen wird.

Die von Jahn beobachtete Schlüpfung seiner Rolle, welche keinesfalls durch tangentiale Formänderungen allein erklärt werden kann, dürfte, wie aus der Unregelmäßigkeit der Versuchspunkte, der nicht gesetzmäßigen Veränderlichkeit der Schlüpfung in verschiedenen Teilen der Bahn, der Beobachtung geringerer Schlüpfungen bei geringerem Rollgewicht geschlossen werden darf, zum Teil wenigstens aus einer Springbewegung der Rolle zu erklären sein.

Durch Rauhigkeiten der Oberflächen wird endlich noch ein weiterer Arbeitsverlust bedingt, indem die Vorsprünge niedergewalzt werden. Das Niederwalzen kommt dadurch zustande, daß einzelne Vorsprünge einen so hohen Normaldruck beim Abrollen erleiden, daß das Material der Vorsprünge über die Streckgrenze beansprucht wird und fließt. Es entsteht hierdurch die

---

*) Vgl. hierzu Brix: Über die Reibung usw.

Erscheinung des Glattwalzens, welche stets mit Arbeitsverlust verbunden ist. Die Bestimmung dieses Arbeitsverbrauchs entzieht sich der Vorausberechnung: man kann denselben nur am Einzelobjekt durch den Versuch feststellen.

Abnutzung bei Gleit- und Rollreibung.

Über die zu erwartende Abnutzung kann man sich an Hand unserer Bilder über das Zustandekommen der Gleitreibung eine Vorstellung machen. Bei der Berührung fester Flächen werden die kleinsten miteinander in Berührung kommenden Teilchen deformiert, gedrückt oder gebogen. Schon hierbei müssen wir erwarten, daß einzelne Teile die Formänderung nicht elastisch aufzunehmen imstande sind und zerstört werden. Die Umstellung der Formänderung der Ruhe auf die der Bewegung erfordert weitere Zerstörung einzelner Teilchen vornehmlich durch Abscheren. Diese Ablösung kleiner Teilchen wird während der. Bewegung anhalten und auch die Größe der Gleitreibung beeinflussen. Wesentlich wird dabei sein, ob die abgeriebenen Teilchen zwischen den reibenden Flächen verbleiben, ob stets neue Flächen miteinander in Berührung kommen, oder ob die abgeriebenen Teilchen sich in Hohlräume oder weichere Flächenteile einbetten können. In letzterem Fall kann durch die sich einbettenden Teilchen geradezu eine Glättung der Oberflächen erfolgen. Das ist z. B. bei Weißmetallen und auch bei Gußeisen der Fall, welches sich unter dem Einfluß von Reibung blank und hart läuft, und dessen Reibung sich erhöht, wenn die Bindung der abgeriebenen Teilchen verhindert wird, z. B. indem sie durch Wasser weggespült werden. Bei dichten Materialien annähernd gleichmäßiger Härte, z. B. bei Flußeisen, wird die Entstehung abgeriebener Teilchen stets zu Erhöhung der Reibung führen müssen.

Der Umfang des Materialverschleißes darf immer nur gering sein, wenn es sich um arbeitende Teile handelt, wenn anders die durch die abgeriebenen Teilchen bedingte Reibungszunahme klein gegenüber dem durch Formänderung der Oberflächenteilchen bedingten Reibungsbetrag bleiben soll. Wird der Flächendruck über einen bestimmten Betrag gesteigert, so tritt mit der ritzenden Reibung, wie oben klargelegt, Materialverschleiß in höherem Umfang ein. Die Reibung kann dabei solche Beträge annehmen, daß die Temperatur in der Reibungsfläche bei Metallen über die Schmelztemperatur, bei organischen Stoffen über die Vergasungstemperatur steigt. Im ersteren Fall tritt ein Verschweißen der abgelösten Teilchen mit den gleitenden Flächen, damit ein Festbrennen ein, im zweiten Fall verkohlen die abgeriebenen Teilchen und erhöhen bei der Härte des entstehenden Kokses Reibung und Abnutzung.

Aber auch schon bevor dieser Zustand eintritt, kann die Erwärmung in den Berührungsflächen solche Werte annehmen, daß die Härte der Materialien sich wesentlich ändert.

Da die Härte aber von wesentlichem Einfluß auf die Abnutzung ist, darf man sich bei der Prüfung der Eignung eines Materials, welches Gleitreibung ausgesetzt ist, nicht auf Feststellung der Härte bei Zimmertemperatur beschränken, sondern man muß das Material auch nach der Veränderlichkeit der Härte bei zunehmender Temperatur beurteilen.

Da mit der Rollreibung nach unserer Vorstellung in den äußeren Teilen der Berührungsflächen stets Gleitreibung verbunden ist, wird Rollreibung auch bei ordnungsmäßigem Rollbetrieb mit Materialverschleiß verbunden sein, wenn auch unter Umständen in technisch vernachlässigbarem Maße. Doch wird Wiederholung des Rollvorganges, z. B. bei Eisenbahnschienen, den Materialverschleiß schließlich sichtbar machen können.

Übersteigt der Normaldruck der Rolle auf den Gegenkörper einen bestimmten Betrag, so erfolgt ein Teil der Formänderung unelastisch. Die Flächen walzen sich hart und dicht. Diese durch Walzen erreichte Härteschicht besitzt jedoch nur eine geringe Dicke, da, wie wir oben gesehen haben, die mittlere Eindringtiefe des Rolldrucks weniger wie die Hälfte der Länge der an sich kurzen Berührungsfläche ist.

Abschälen und Grübchenbildung.

Tritt zu dieser unelastischen Formänderung durch den Normaldruck noch eine Umfangskraft hinzu, so wird das unter dem Druck in kaltflüssigem Zustand befindliche Material abgeschält.

Sind die Flächen nicht glatt oder gleichmäßig rauh, sondern mit örtlichen Erhebungen versehen, so tritt an solchen Stellen beim Überfahren durch die Rolle eine Druckerhöhung auf, welche gegebenenfalls bis zur Fließgrenze wachsen kann. Sind nur Normaldrucke vorhanden, so werden solche Erhöhungen niedergewalzt: es erfolgt Glättung. Ist jedoch gleichzeitig eine Umfangskraft vorhanden, so wird das etwa in der Form eines Paraboloids unterhalb der kreisförmig angenommenen Berührungsfläche vorhandene kaltflüssige Material durch die Umfangskraft aus der Grundmasse herausgeschoben, und es entstehen an den Stellen, an welchen vorher Erhöhungen waren, Grübchen oder Pocken. Das herausgerissene Material wird durch das Schmiermittel fortgespült oder es setzt sich an andern Stellen der Walzen fest und bildet Erhöhungen, die wieder zu erhöhter Pockenbildung Veranlassung geben. Dieselbe Erscheinung kann auch dadurch hervorgerufen werden, daß zwischen zwei glatten Rollen ein harter Fremdkörper durchgeht. Solche Grübchenbildung wird bei hochbelasteten Rollenlagern, Zahntrieben und Walzwerken beobachtet. Wenn die aneinander abrollenden Flächen glatt sind, deutet also die Erscheinung auf das Vorhandensein harter Unreinigkeiten, welche z. B. dem verwendeten Schmieröl beigemengt sein können. Sorgfältige Reinhaltung der Gefäße und dauernde Filterung des verbrauchten Öles vor Wiedereintritt in den Kreislauf sind daher Vorbedingung für die Schmierung hochbelasteter Rollenlager oder Zahntriebe.

Schlußbemerkung.

Die vorliegenden Ausführungen wollen keinen Anspruch darauf machen, das Problem der unmittelbaren Reibung fester Körper erschöpfend erledigt zu haben. Hierzu werden noch Versuche mannigfacher Art notwendig sein. Diese Versuche werden sich aber nicht nur nach der Richtung bewegen dürfen, daß an ausgeführten Objekten die Reibungszahlen für verschiedene Betriebsverhältnisse festgestellt werden. So wichtig solche Versuche für die Technik sind, solange die tiefere Einsicht fehlt, muß es doch als die höhere Aufgabe aufgefaßt werden, das Problem in Einzelversuchen so zu zergliedern, daß diese tiefere Einsicht gewonnen und es möglich wird, überlegungsmäßig die Wirkungen geänderter Betriebsbedingungen voraus zu sagen, ohne daß es erforderlich ist, die Versuche an den Objekten selbst vorzunehmen.